草原植物特征的影响因素探究

马佩玲 著

中国商业出版社

图书在版编目（CIP）数据
草原植物特征的影响因素探究 / 马佩玲著. -- 北京 :
中国商业出版社，2024. 7. -- ISBN 978-7-5208-3045-4
Ⅰ. Q948.52
中国国家版本馆CIP 数据核字第2024UG9420 号

责任编辑：吴　倩

中国商业出版社出版发行
（www.zgsycb.com　100053　北京广安门内报国寺1号）
总编室：010-63180647　编辑室：010-83128926
发行部：010-83120835/8286
新华书店经销
北京七彩京通数码快印有限公司印刷
*
710毫米×1000毫米　16开　10印张　200千字
2024年7月第1版　2024年7月第1次印刷
定价：50.00 元
* * * *
（如有印装质量问题可更换）

前　言

近年来，全球气候变暖和土地利用变化已经影响了人类赖以生存的环境，如全球范围内的土地退化与荒漠化、生物多样性丧失、养分循环失衡、生态系统功能退化等。减缓全球变化的不良影响，保持人类生存环境的可持续性，是各国政府以及公众强烈关注的重大问题。草原作为分布范围最广的陆地生态系统类型之一，其在全球变化中的作用日益引起人们的重视。我国的草原资源十分丰富，草原生态系统在畜牧业生产、生物多样性保护、水土保持、防风固沙、涵养水源、气候调节以及陆地生态系统碳循环等方面都发挥着重要作用。植物特征是植物对环境的长期适应和影响生态系统功能的、能反映植物功能的可测量性特点。研究植物的多种功能性状对植物种类多样性和生态系统功能特性的作用，探讨引起多种不同种类功能性状差异的主要因素，包括系统发育、环境因子、地形差异等，探究不同植物功能性状等特征与生产力之间的关系，以及叶片和各性状间的平衡关系，找到草原植物特征对各影响因素的响应，可以帮助了解生态系统经济功能性状和营养性状的分异，也为应对改善全球气候变化所导致的草原生态系统碳循环变化，达到碳达峰碳中和目标提供合适的理论依据。

本书共分为五章内容。第一章为降水对草原植物特征的影响，涵盖荒漠与典型草原植物两大类别，主要分析生态位、化学计量等；第二章为围封对草原植物特征的影响，着重研究不同围封年限对荒漠草原植物特征的影响和围封对羊草草原、大针茅草原两种典型草原植物特征的影响；第三章是放牧对草原植物特征的影响，分别从荒漠草原植物、典型草原植物、草甸草原植物三个方面，探究放牧对草原植物功能性状、多样性特征、功能群等的影响；第四章为氮磷添加对草原植物特征的影响，主要分析氮和磷这两类养分对草原植物叶片及根系特征的影响；第五章是坡位变化对草原植物特征的影响，从生长地形出发，分析不同坡位对草原植物群落特征及优势植物功能性状的影响。

著　者

目　　录

第一章 降水对草原植物特征的影响

降水是陆地生态系统重要的水分来源。降水变化通过改变植物的光合作用速率、蒸腾作用强度、水分利用效率等生理、生态过程影响群落中物种分布和多样性格局。随着全球气候变化的加剧，植物多样性和植物功能属性在维持生态系统功能中的重要作用日益被关注。探讨植物功能性状、群落结构与非生物因子之间的关系，有助于从个体、群落和生态系统水平研究生态系统功能和过程对降水变化的响应，对深入理解降水变化对草地生产力的调控机制及对草原生态系统科学管理具有重要意义。

第一节 降水对荒漠草原植物特征的影响

“降水”这一因素对荒漠草原植物特征的影响最为关键，因此，本节以内蒙古荒漠草原沙生针茅草本群落和红砂灌木群落为研究对象，设置增雨（+20%、+40%、+60%）和减雨（-60%、-40%、-20%）处理以及对照（自然降雨）原位控制试验，系统研究了降水量变化对植物群落结构、功能性状的影响及其对地上生物量的调控。

一、试验设计

（一）实验处理

在沙生针茅群落区和红砂群落区分别安装设置42个样方。在沙生针茅群落区和红砂群落区分别安装36组增减雨装置，每组装置为4m×8m，装置由支架、集雨槽、增雨滴灌管构成，参考野外增减雨试验装置的实用新型专利实施（专利号：ZL201220126834.3），对照处理不安装增减雨处理装置。集雨槽使用透光率为90%以上的有机玻璃制成，增雨滴灌管使用等距开孔的PVC管制成。减雨部分利用集雨槽的遮蔽作用来减少进入下方区域的降水量，不同集雨槽数量控制减雨程度（8个集雨槽为-60%降雨处理，6个集雨槽为-40%降雨处理，4个集雨槽为-20%降雨处理），截留到集雨槽的降雨流入增雨滴灌管进入增雨区。采用随机区组试验设计进行增减雨装置的布设，6个降雨处理分别为-60%、-40%、-20%、+20%、+40%、+60%，对照处理为自然降雨，每个处理设置6个重复，沙生针茅群落区和红砂群落区共84个4m×4m样方，每组增减雨装置至少相隔0.6m。为避免放牧动物对样地的影响，对所有样地进行围封。

（二）实验分析

1. 测定样方的生物量

放入65℃烘箱烘干24h，取出后称重，每个物种的干重就是该物种在样方中的地上生物量，样方中所有物种生物量总和为样方的地上生物量。

2. 植物叶片形态和养分性状的处理及测定

用于测定叶片形态特征的样品从湿润滤纸中取出后吸干叶表面水分，称量叶鲜重，并用游标卡尺测量叶厚度，再将叶片平铺在扫描仪上进行扫描，后用Image J软件进行处理，计算叶面积。将扫描后的叶片放入烘箱内于65℃烘干，取出称得叶干重。将用于测定养分的叶片带回实验室烘干后粉碎来测定植物叶片养分。9个植物功能性状名称及测定方法见表1-1。

表1-1 9个植物功能性状名称及测定方法

性状名称	方法	功能
植物高度	卷尺实地测量	地面竞争能力、营养与繁殖生长
叶面积	Image J软件扫描	光捕获能力
比叶面积	叶面积/叶干重	光合速率、叶寿命、相对生长率
叶干物比重	叶干重/叶鲜重	叶片组织密度、生产力、抗逆境能力
叶厚度	游标卡尺测量	储水、保水能力
叶碳含量	元素分析仪	生理及代谢底物来源、碳储量
叶氮含量	元素分析仪	光捕获能力、光合速率、氮供给
叶磷含量	碱熔—钼锑抗比色法	气体交换、遗传物质
叶钾含量	碱熔—火焰光度法	抵抗和适应能力、水分利用效率氮代谢

3. 统计与分析

采用单因素方差分析（成对Tukey检验）分析不同降水处理对优势物种植物功能性状、群落功能性状的影响。使用混合线性模型分析年份、降雨量、植被类型或其两两交互作用对群落结构、植物功能性状、地上生物量的影响。模型中降水量、植被类型、年份为自变量，物种多样性指数、群落水平功能性状和地上生物量作为因变量，样方作为随机变量，使用R软件lme 4安装包中的lme函数进行计算。

植物功能性状间的关系使用Pearson相关分析和主成分分析，使用R软件中cor函数以及ape安装包中的anova函数进行计算。

群落结构、植物功能性状及地上生物量与降水量的关系采用一般线性模型，使用R软件中lm函数进行计算。

采用结构方程模型分析降水量、群落结构、植物功能性状和地上生物量之间的因果关系。初始模型中假设降水量变化会显著影响群落结构和植物功能性状，模型优化采用剔除无显著影响的，如降水量对植物功能性状中某一性状没有显著效应，或某一性状的增加导致最佳模型解释率的减少，则删除降水量和该性状之间的关系。通过卡方检验（χ^2）和标准化均方根残差（SRMR<0.05）确定模型评估（符合要求的拟合，p>0.05）。Akaike信息准则（AIC）作为选择最佳模型的依据。总标准化效应等于直接效应和间接效应之和。降水量与群落结构和功能性状或其与地上生物量关系不显著的路径在最终模型图中不显示。以上过程使用Amos软件计算。

二、降水变化对荒漠草原植物生态的影响

（一）降水变化对群落结构的影响

1. 物种组成特征

草本群落共有36种植物，隶属于14科、14属，以多年生草本植物为主。总体而言，沙生针茅、骆驼蓬、碱韭等为常见种；蒙古韭、缕丝花、雾冰藜等属为稀有种。降水处理明显影响沙生针茅、骆驼蓬等物种的盖度，降水变化同时影响草本群落物种组成，具体表现为：在正常降水年份，降雨量增加显著提高了蒙古韭、碱韭、戈壁天门冬、砂生地蔷薇、骆驼蓬、红砂、猪毛菜和沙生针茅的盖度；栉叶蒿、木地肤、天门冬、糙叶黄耆、冰草仅存在于正常降雨年份，其中天门冬和栉叶蒿仅存于20%降雨处理。在极端降雨年份，降水量的增加显著提高了蒙古韭、芨芨草、碱韭、骆驼蓬和沙生针茅的盖度；狗尾草、拐轴鸦葱、华北鸦葱、小车前、缕丝花、金鸡菊、雾冰藜仅存在于极端降雨年份，其中画眉草、雾冰藜、防风仅存在于+20%、+40%和+60%降雨处理。

灌木群落共有29种植物，隶属于12科、13属，以多年生草本和灌木植物为主，占总物种数的68.9%。红砂、短花针茅、碱韭为常见种；少花米口袋、砂生地蔷薇、灌木亚菊、蒙古虫实等为稀有物种。降水处理明显影响红砂、短花针茅等物种盖度，对灌木群落物种组成影响显著，具体表现为：在正常降雨年份，降水量增加明显提高了灌木亚菊、碱韭、银灰璇花、糙隐子草、栉叶蒿、骆驼蓬、红砂、短花针茅的盖度；少花米口袋、砂生地蔷薇仅存在于正常降雨年份，前者只存在于-20%降雨处理，后者存在于+20%和+40%降雨处理中。在极端降雨年份，降水量的增加明显提高了冷蒿、碱韭、银灰璇花、骆驼蓬、红砂、短花针茅、狗尾草的盖度；其中糙叶黄耆仅存在于+40%和+60%降雨处理，蒙古虫实仅存于+60%降雨处理，小车前仅存于-20%降雨处理。

降水处理对不同生活型组成（多年生和一年生）相对盖度多重比较结果表明，草本群落降水处理对多年生和一年生相对盖度影响显著；正常降雨年份，多年生植物盖度+20%和对照降水处理均显著高于-60%和+60%降水处理；一年生植物盖度则表现为-60%和+60%降水处理显著高于其他降水处理。极端降雨年份多年生植物盖度-40%降水处理显著高于-60%、-20%、对照、+20%，+40%降水处理，-60%、-20%、对照显著高于+20%

降水处理；一年生植物表现为-60%和+60%降水处理显著高于-40%、-20%、对照和+20%降水处理，-20%和对照降水处理显著高于-40%降水处理。

灌木群落降水处理对多年生和一年生植物相对盖度变化影响显著。正常降雨年份多年生植物盖度表现为-60%、-40%和对照降水处理显著高于-20%、+40%、+60%降水处理，+20%和+40%降水处理显著高于+60%降水处理；一年生植物盖度则表现为-20%和+60%降水处理显著高于其他降水处理，+20%和+40%降水处理显著高于-60%降水处理。极端降水年份表现为多年生植物盖度对照处理显著高于其他所有减雨和增雨处理，而-40%、+20%、+40%和+60%降水处理间无显著差异，-40%和+40%降水处理显著高于-60%和-20%降水处理；一年生植物盖度表现为-60%、-20%、+60%降水处理显著高于-40%、对照和+40%降水处理。

2. 优势物种盖度变化特征

优势物种对降水变化的响应强度通过其盖度相对对照处理的变化量来反映。减雨处理下碱韭、骆驼蓬和沙生针茅的盖度变化量均为负值，而增雨处理3个物种的盖度变化量趋于正值（除极端降雨年份的碱韭），降水量减少降低了优势物种盖度，降水量增加提高了优势物种盖度。总体上，3个物种对减雨的响应强度大于增雨处理的响应强度，其中对极端干旱的响应强度最大。碱韭在正常降雨年份-60%、-40%降水处理响应强度显著高于其他降水处理，-20%和+20%降水处理响应强度显著高于+60%降水处理；在极端降雨年份-60%、-40%降水处理响应强度显著高于其他降水处理，+60%降水处理响应强度显著高于-20%、+20%、+40%降水处理。骆驼蓬在正常降雨年份+60%、-60%、-20%降水处理响应强度显著高于+20%降水处理，在极端降雨年份-60%降水处理响应强度显著高于+20%、+40%和+60%降水处理，+60%降水处理响应强度显著高于+20%和+40%降水处理。沙生针茅在正常降雨年份-60%降水处理响应强度显著高于其他降雨年份，-40%和-20%降水处理响应强度显著高于+20%、+40%和+60%降水处理，在极端降雨年份-60%、-40%和+40%、+60%降水处理响应强度显著高于-20%和+20%降水处理。

灌木群落碱韭、红砂、短花针茅减雨处理的盖度变化量趋于负值，降水量减少降低了植物盖度，增雨处理的盖度变化趋于正值（除碱韭正常降雨年份的+40%降水处理、红砂的+20%降水处理），降水量增加提高了植物盖度。3个物种对减雨的响应强度大于增雨处理的响应强度，对极端干旱的响应强度最大（除碱韭）。碱韭在正常降雨年份和极端降雨年份降水处理的响应强度无显著差异。红砂在正常降雨年份-60%降水处理响应强度显著高于其他降水处理，-40%降水处理响应强度显著高于+20%、+40%、+60%降水处理；在极端降雨年份-40%降水处理响应强度显著高于-20%、+20%、+40%、+60%降水处理，-20%和+20%降水处理响应强度显著高于+40%和+60%降水处理。短花针在正常降雨年份-40%降水处理响应强度显著高于-20%和+40%降水处理，在极端降雨年份-40%和+60%

降水处理影响强度显著高于-20%和+20%降水处理。

3. 植物多样性与降水量的关系

草本群落物种丰富度、香农—威纳多样性指数和物种均匀度指数与降水量的一般线性回归结果表明，降水量增加显著提高了物种丰富度，降低了群落均匀度。香农—威纳多样性指数年际响应格局不同，物种丰富度随降水量呈显著增加趋势（正常降雨年份：$R^2=0.372$，$p<0.001$；极端降雨年份：$R^2=0.622$，$p<0.001$），极端降雨年份回归斜率大于正常降雨年份回归斜率。极端降雨年份香农—威纳多样性指数随降水量呈显著增加趋势（$R^2=0.103$，$p<0.05$）。而物种均匀度指数随降水量呈显著下降趋势（正常降雨年份：$R^2=0.222$，$p<0.01$；极端降雨年份：$R^2=0.293$，$p<0.001$）。

灌木群落与草本群落物种丰富度对降水变化的响应趋势一致，随降水量增加，物种丰富度显著提高，物种均匀度降低，不同群落类型群落结构对降水变化的响应方式不同；物种丰富度与降水量呈显著正相关（正常降雨年份：$R^2=0.158$，$p<0.05$；极端降雨年份：$R^2=0.427$，$p<0.001$）。与草本群落趋势一致，极端降雨年份回归斜率大于正常降雨年份回归斜率，混合线性模型的结果表明降雨和年份的交互作用显著，表明极端降雨年份物种丰富度对降雨的响应较正常降雨年份敏感。物种均匀度仅在极端降雨年份与降水量呈显著负相关（$R^2=0.139$，$p<0.05$）。而降水量对香农—威纳多样性指数的影响无明显变化趋势。

（二）降水变化对植物形态特征的影响

1. 不同群落类型植物形态特征比较

单因素方差分析比较群落类型间植物功能性状的差异见表 1-2。结果表明，灌木群落高度（Height，17.6cm）显著高于草本群落（12.02cm）（$p<0.001$），草本群落叶面积和叶干物质量（LA，LDMC，0.84cm^2，299.17g/kg）显著高于灌木群落（0.25cm^2，261.64g/kg）（$p<0.05$），而不同植被类型间叶厚度（LT）和比叶面积（SLA）无显著差异（$p>0.05$）。

表 1-2 草本和灌木群落形态性状差异分析

性状	植被类型	平均值±标准误	F	p
高度（Height，cm）	草本	12.02±0.57	33.36	***
	灌木	17.6±0.78		
叶厚度（LT，mm）	草本	0.44±0.02	3.13	0.08
	灌木	0.48±0.01		
叶面积（LA，cm^2）	草本	0.84±0.05	85.59	***
	灌木	0.25±0.04		
比叶面积（SLA，m^2·kg^{-1}）	草本	13.87±0.77	0.03	0.87
	灌木	14.03±0.53		

续表

性状	植被类型	平均值±标准误	F	p
叶干物质量（LDMC，g·kg^{-1}）	草本	299.17±14.44	4.19	*
	灌木	261.64±11.24		

注：星号表示影响的显著性，* 表示 $p<0.05$，*** 表示 $p<0.001$。

2. 不同降水处理植物形态性状比较

不同降水处理下植物形态性状间多重比较结果表明，草本群落在正常降雨年份不同降水处理对植物高度、LA、LDMC 的影响存在显著差异，在极端降雨年份，降水处理对植物 LA 和 SLA 的影响存在显著差异。草本群落高度在正常降雨年份表现为+60%降水处理显著高于对照和减雨处理，极端降雨年份不同降水处理间无显著差异。LT 在正常降雨年份和极端降雨年份不同降水处理间均无显著差异。LA 则表现为在正常降雨年份+40%和+60%降水处理显著高于−40%和−60%降水处理；极端降雨年份+20%降水处理显著高于对照、−40%和−60%降水处理。SLA 在正常降雨年份不同降水处理间无显著差异；在极端降雨年份表现为−40%、−20%、+20%降水处理显著高于+60%降水处理。LDMC 在正常降雨年份表现为+60%降水处理显著高于−40%降水处理；在极端降雨年份不同降水处理间无显著差异。灌木群落在正常降雨年份不同降水处理对植物高度、LT、SLA、LDMC 的影响存在显著差异，在极端降雨年份则表现为不同降水处理对植物高度、LA、SLA、LDMC 的影响存在显著差异。灌木植物高度在正常降雨年份表现为−40%降水处理显著高于+40%降水处理，在极端降雨年份表现为对照显著高于−60%降水处理。LT 在正常降雨年份表现为对照和−40%降水处理显著高于−60%和+20%降水处理；在极端降雨年份不同降水处理间无显著差异。LA 在正常降雨年份不同降水处理间无显著差异；在极端降雨年份表现为+20%降水处理显著高于−60%和−40%降水处理。SLA 在正常降雨年份表现为−20%降水处理显著高于−60%、−40%、+20%、对照、+40%和+60%降水处理；在极端降雨年份表现为−20%降水处理显著高于−60%降水处理。LDMC 在正常降雨年份表现为对照显著高于−20%降水处理；在极端降雨年份表现为+40%降水处理显著高于−60%降水处理。

3. 降水量、植被类型、年份对植物形态特征的影响

草本群落植物形态特征与降水量的一般线性回归结果表明，植物高度（$R^2=0.17$，$p<0.001$）、LA（$R^2=0.1$，$p<0.05$）以及 LDMC（$R^2=0.13$，$p<0.01$）与降水量呈显著正相关，而 SLA（$R^2=0.13$，$p<0.001$）与降水量呈显著负相关。灌木群落植物高度、LT、LA、SLA、LDMC 与降水量无明显变化趋势。

采用混合线性模型验证降水量、植被类型、年份及其交互作用对植物形态特征影响，结果表明，降水处理、植被类型和年份的变化对植物高度有显著影响，降水量增加显著提高了植物高度；植被类型对 LT 有显著影响；降水处理和植被类型的变化对 LA 有显著影

响，其中降水量增加显著增加了 LA；年份及降水处理和植被类型变化的交互作用对 SLA 有显著影响；降水量增加显著提高了 LDMC。

4. 植物形态特征种间和种内变异

草本群落 LDMC、LA、LT、高度种间变异程度均占总变异的 85%以上，不同性状的种间变异和种内变异格局不同。种间变异表现为 LT>LA>高度>LDMC>SLA，种内变异则表现为 SLA>LDMC>高度>LA>LT。其中，LT 的种间变异最大，达到了 95. 2%，种内变异最小，为 4. 77%；SLA 的种间变异程度最小，为 49. 8%，种内变异最大，为 50. 1%。灌木群落性状种间变异和种内变异程度格局与草本群落不同，种间变异表现为 LA>高度>LT>SLA>LDMC。其中，LA 的种间变异最大，达到了 97. 6%，种内变异最小，为 2. 37%；而 LDMC 的种间变异最小，为 32. 1%，种内变异最大，为 67. 8%（见图 1-1）。

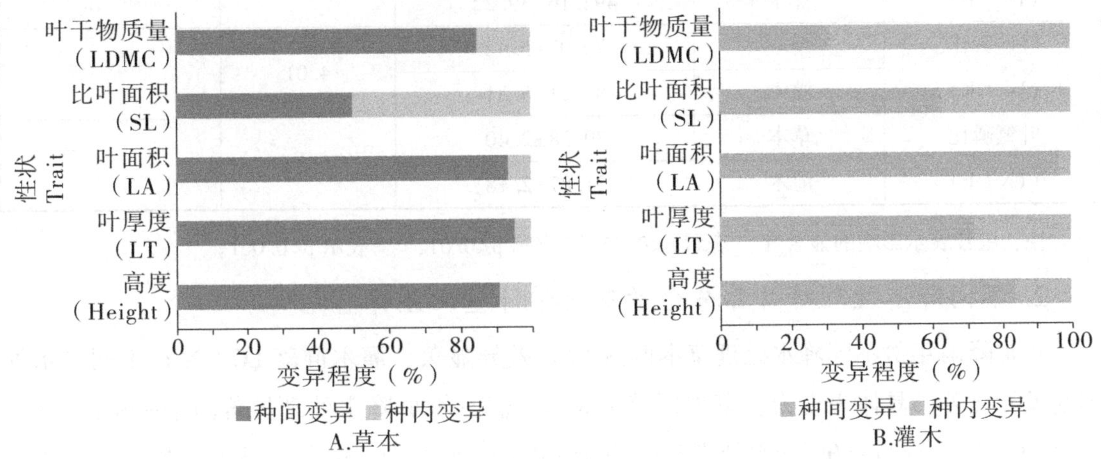

图 1-1　种间变异和种内变异对群落水平形态性状的贡献程度

（三）降水变化对植物叶片化学性状的影响

1. 群落类型间叶片碳、氮、磷、钾含量及化学计量比差异

不同群落类型间叶片碳（LCC）、氮（LNC）、磷（LPC）、钾含量（LKC）及化学计量比多重比较结果表明，草本群落 LCC（393. 27g · kg^{-1}）、LNC（28. 09g · kg^{-1}）、LKC（8. 36g · kg^{-1}）、叶碳磷比（LC：P，712. 4）、叶氮磷比（LN：P，39. 38）均显著高于灌木群落（317. 14g · kg^{-1}，22. 44g · kg^{-1}，5. 11g · kg^{-1}，492. 16，31. 87）（$p<0.05$），两种植被类型间 LPC、叶碳氮比（LC：N）、叶碳钾比（LC：K）无显著差异（$p>0.05$）。

表 1-3　不同植被类型群落水平叶片碳、氮、磷、钾含量及化学计量比差异分析

性状	植被类型	平均值±标准误	F	p
叶碳含量（LCC，g · kg^{-1}）	草本	393. 27±13. 21	24. 9	***
	灌木	317. 14±7. 54		

续表

性状	植被类型	平均值±标准误	F	p
叶氮含量 (LNC, $g \cdot kg^{-1}$)	草本	28.09±1.60	10.61	***
	灌木	22.44±0.66		
叶磷含量 (LPC, $g \cdot kg^{-1}$)	草本	1.16±0.17	0.59	0.44
	灌木	1.36±0.19		
叶钾含量 (LKC, $g \cdot kg^{-1}$)	草本	8.36±0.63	19.22	***
	灌木	5.11±0.39		
叶碳氮比 (LC : N)	草本	16.57±0.82	2.82	0.1
	灌木	14.92±0.53		
叶碳磷比 (LC : P)	草本	712.4±67.90	7.84	**
	灌木	492.16±39.22		
叶碳钾比 (LC : K)	草本	70.02±5.42	4.01	*
	灌木	85.21±5.31		
叶氮磷比 (LN : P)	草本	39.38±2.40	5.36	*
	灌木	31.87±2.18		

注：星号表示影响的显著性，* 表示 $p<0.05$，** 表示 $p<0.01$，*** 表示 $p<0.001$。

2. 不同降水处理叶片养分含量及化学计量比差异

正常降雨年份不同降水处理草本群落 LNC 差异显著，灌木群落 LC : N 在不同降水处理间差异显著，具体表现为：草本群落 LNC 表现为-40%降水处理显著高于+40%，灌木群落 LC : N 表现为+60%降水处理显著高于-40%降水处理。两种植被类型的比较结果表明，LCC 在+40%和+60%降水处理草本群落显著高于灌木群落，LKC 在-20%降水处理草本群落叶片显著高于灌木群落，LC : N 在+40%降水处理草本群落显著高于灌木群落，LC : P 在+20%降水处理草本群落显著高于灌木群落，LC : K 在-20%降水处理灌木群落显著高于草本群落。

极端降雨年份不同降水处理草本群落 LNC、LC : N、LC : K 差异显著，灌木群落 LCC、LNC、LKC、LC : N、LC : P、LN : P 不同降水处理间差异显著，具体表现为：草本群落 LNC 在+60%降水处理显著低于其余降水处理，LC : N 在+60%降水处理均高于其他处理，LC : K 在-60%降水处理显著低于+60%降水处理；灌木群落 LCC 和 LNC 在-60%降水处理显著低于其他降水处理水平，LKC 在-60%降水处理显著低于+20%降水处理，LC : N 在+60%降水处理均高于其他处理，LC : P 在+40%和+60%降水处理显著高于减雨处理；LN : P 在+40%降水处理显著高于-40%降水处理。两种植被类型间比较结果表明，LCC 在-60%、-20%和+40%降水处理草本群落显著高于灌木群落，LNC 在-60%、-40%和-20%降水处理草本群落高于灌木群落，LKC 在所有减雨处理草本群落显著高于灌木群落，LC：N 在-40%和-20%处理灌木群落显著高于草本群落，LC：K 在所有减雨处理灌木群落显著高于草本群落，LN：P 在减雨和+20%降水处理草本群落显著高于灌木群落。

3. 降水量、植被类型、年份对叶片养分含量及化学计量比的影响

草本群落 LCC、LNC、LPC、LKC 及其化学计量比与降水量的一般线性回归如图 1-2 所示，结果表明，LNC（$R^2=0.19$，$p<0.01$）、LKC（$R^2=0.15$，$p<0.01$）随降水量增加呈显著下降趋势，而 LC：N（$R^2=0.29$，$p<0.001$）、LC：P（$R^2=0.1$，$p<0.01$）、LC：K（$R^2=0.24$，$p<0.001$）随降水量呈显著增加趋势，LCC、LPC、LN：P 与降水量无明显的变化趋势（$p>0.05$）。

灌木群落 LCC、LNC、LPC、LKC 及其化学计量比与降水量的一般线性回归如图 1-3 所示，结果表明，叶片 LCC（$R^2=0.1$，$p<0.05$）、LC：N（$R^2=0.23$，$p<0.001$）、LC：P（$R^2=0.13$，$p<0.01$）、LN：P（$R^2=0.1$，$p<0.01$）随降水量呈显著增加趋势，LNC、LPC、LKC、LC：K 与降水量无明显趋势（$p>0.05$）。

混合线性模型分析降水处理、植被类型、年份及其交互作用对 LCC、LNC、LPC、LKC 及化学计量比的影响表明，降水量增加显著减少了 LNC、LPC、LKC，而显著增加了 LC：N、LC：P、LC：K 和 LN：P。植被类型对叶片 LCC、LNC、LKC 及 LC：P、LC：K、LN：P 有显著影响，年份变化显著影响 LNC、LPC、LKC、LC：N、LC：P、LC：K 和 LN：P。降水处理和植被类型的交互作用对 LNC、LKC、LC：N、LC：K 有显著影响。植被类型和年份的交互作用能够显著影响 LNC、LKC、LC：N、LC：K。

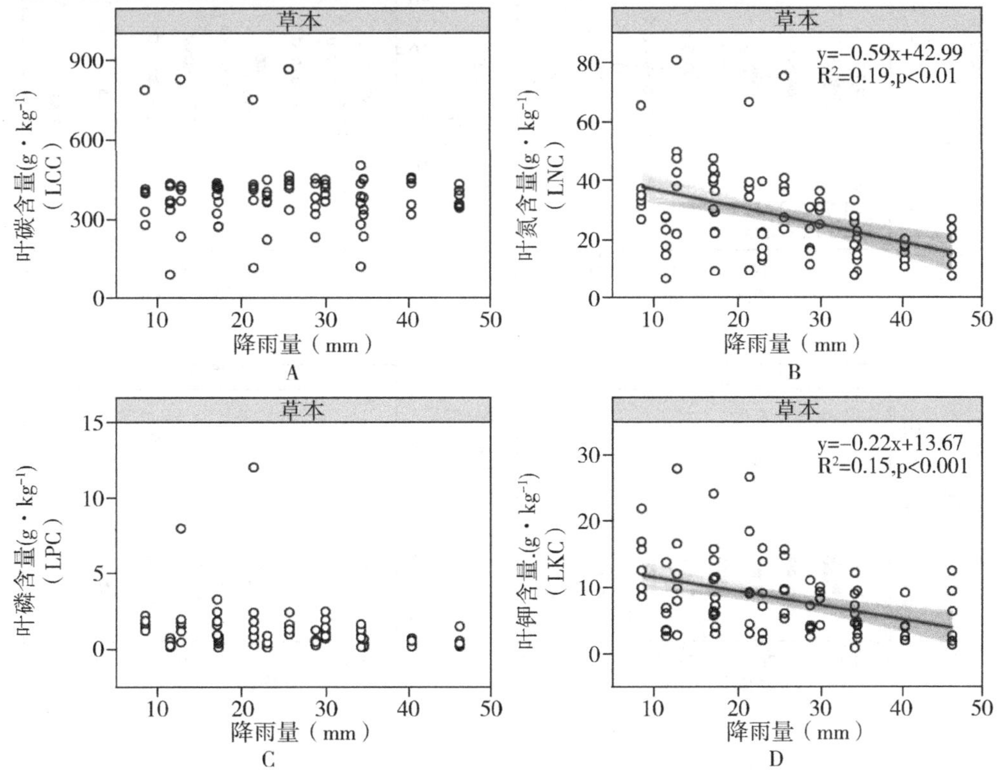

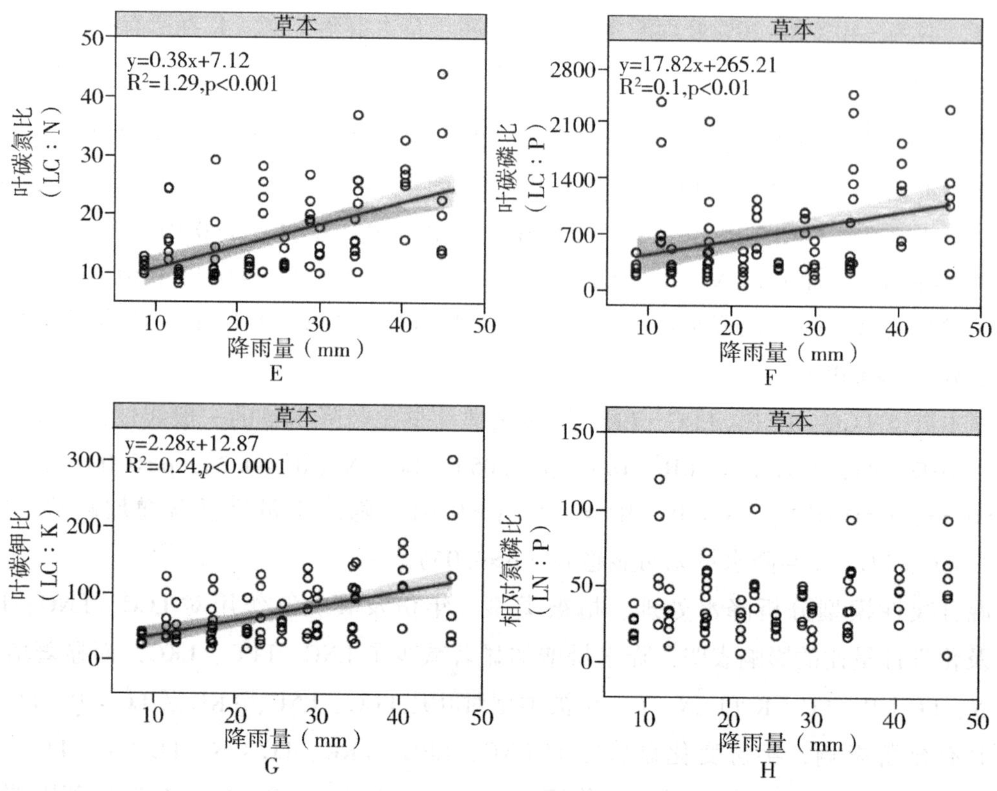

图 1-2　草本群落降水量与叶片碳、氮、磷、钾含量及化学计量比与一般线性回归

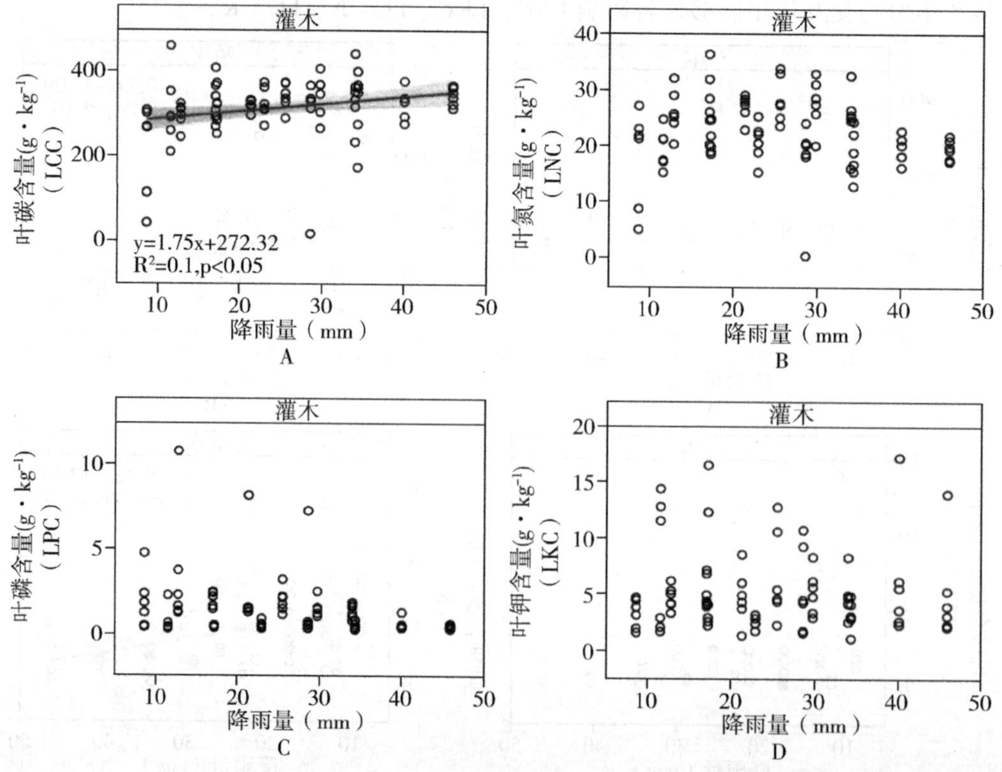

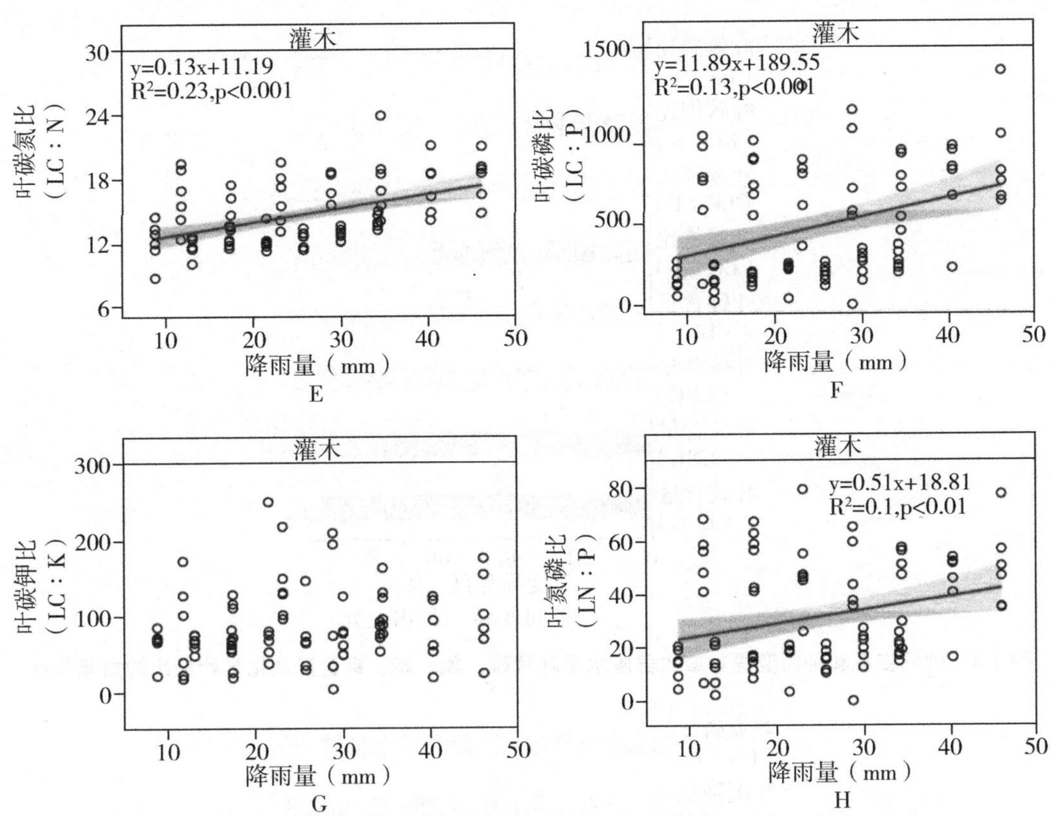

图 1-3　灌木群落降水量与叶片碳、氮、磷、钾含量及化学计量比与一般线性回归

4. 叶片养分含量及化学计量比种间和种内变异

草本群落和灌木群落 LCC、LNC、LPC、LKC 及化学计量比的种间变异和种内变异相差较大，不同性状间种间变异和种内变异格局不同。草本群落种间变异表现为 LCC>LNC>LC：N>LC：K>LKC>LPC>LC：P>LN：P，其中，LCC 的种间变异最大，为 93.1%，LN：P 的种间变异最小，为 2.7%。种内变异则表现为 LN：P>LC：P>LPC>LKC>LC：K>LC：N>LNC>LCC，其中，LN：P 的种内变异最大，为 97.3%，LCC 的种内变异最小，为 6.9%（见图 1-4）。

灌木群落种间变异表现为 LNC>LCC>LC：N>LKC>LC：K>LPC>LC：P>LN：P，其中，LNC 的种间变异最大，为 61.5%，而 LN：P 的种间变异最小，接近 0。种内变异则表现为 LN：P>LC：P>LPC>LC：K>LKC>LC：N>LCC>LNC，其中，LN：P 的种内变异最大，接近 100%，而 LNC 的种内变异最小，为 38.5%（见图 1-5）。

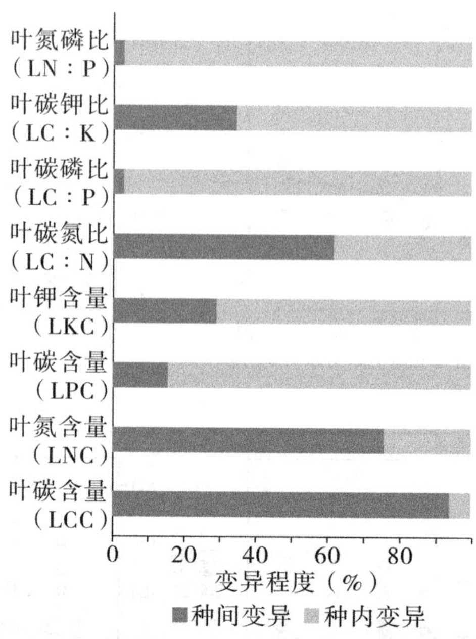

图 1-4 种间变异和种内变异对草本群落水平叶片碳、氮、磷、钾含量及化学计量比的贡献程度

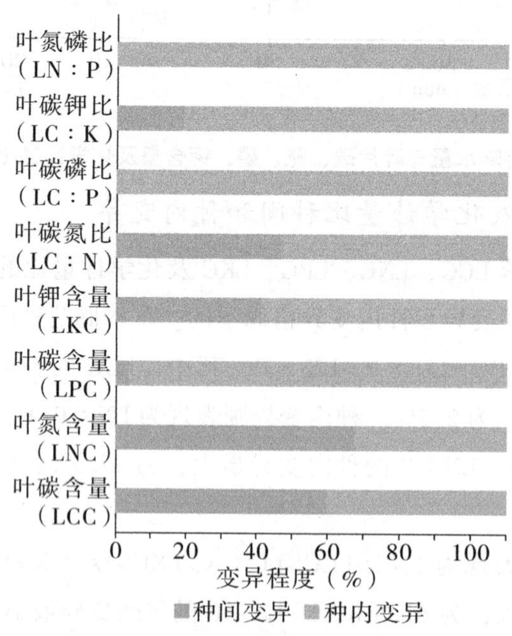

图 1-5 种间变异和种内变异对灌木群落水平叶片碳、氮、磷、钾含量及化学计量比的贡献程度

(四)植物功能性状间权衡关系

1. 植物功能性状空间的分布

对草本和灌木群落的 13 个植物功能性状进行主成分分析，提取描述叶片性状空间中的前 2 个主轴，总方差解释率为 56.2%。草本和灌木群落在性状空间上的分布没有明显分界，但两种群落在性状空间上的聚集程度不同，草本植物分散在植物功能性状空间，大部

分灌木群落聚集在性状空间的中心位置。第一轴与性状 LT、LA、SLA、LNC，LPC、LKC 呈显著正相关，与性状 LC：N、LC：P、LC：K、LN：P 呈显著负相关，方差解释率为 34.7%。第二轴与性状高度、LT、LA、SLA、LDMC、LCC、LNC、LKC、LC：N、LC：P、LC：K、LN：P 呈显著正相关，方差解释率为 21.5%（见图 1-6、表 1-4）。

草本群落植物功能性状主成分分析结果表明，草本群落前两轴的性状分布能够解释总方差的 70.6%，减雨处理主要分布在较高的 LNC、LPC、LKC 和 SLA 以及较低的植物高度和 LDMC 的性状轴一端，增雨处理主要分布于较高的叶片 LC：N、LC：P、LC：K、LN：P 以及较高的植物高度和 LDMC 的性状轴一端。其中，主成分第一轴与性状 LT、LA、SLA、LCC、LNC、LPC、LKC 呈显著正相关，与性状 LC：N、LC：P、LC：K、LN：P 呈显著负相关，方差解释率为 43.6%。主成分第二轴与性状植物高度、LT、LA、LDMC、LCC、LC：N、LC：P、LC：K、LN：P 呈显著正相关，能够解释总方差的 27%（见图 1-7、表 1-5）。

灌木群落植物功能性状主成分分析结果表明，前两轴的性状分布能够解释总方差的 47.3%，灌木群落不同降水处理在性状空间的分布无明显的分布规律，但整体主要集中于第一轴的两端。第一轴与 LNC、LPC、LKC 呈显著正相关，与性状植物高度、LC：N、LC：P、LC：K、LN：P 呈显著负相关，解释了总方差的 24.4%。第二轴与性状植物高度、LT、SLA、LDMC、LCC、LNC、LKC、LC：P 呈显著正相关，与性状 LPC、LC：N 呈显著负相关，解释了总方差的 22.9%（见图 1-8、表 1-6）。

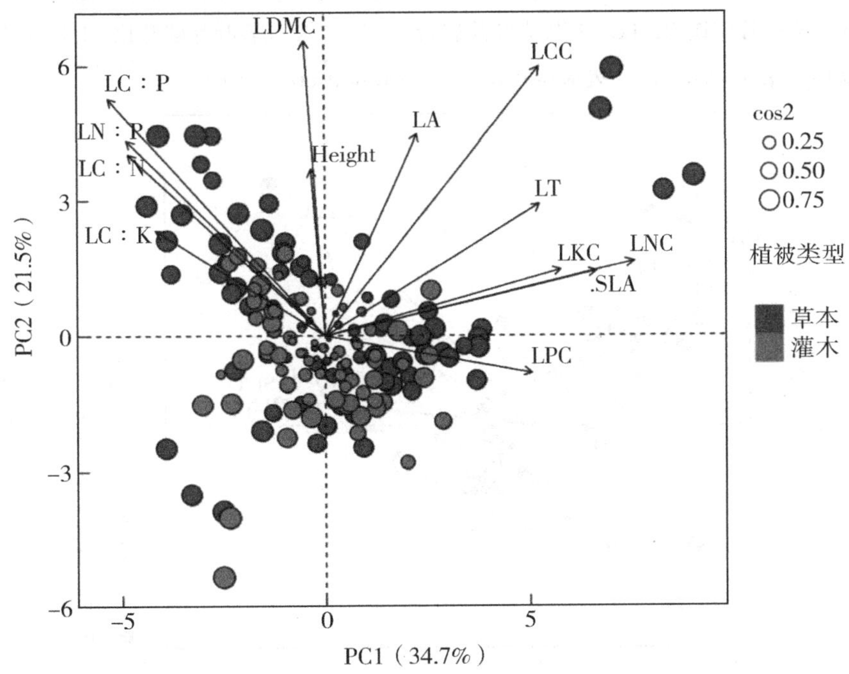

图 1-6　所有植被类型群落水平植物功能性状主成分分析

表 1-4　所有植被类型群落水平植物功能性状对前两轴的贡献程度及相关分析

性状	PC1		PC2	
	贡献程度（Contribution）	相关系数（R）	贡献程度（Contribution）	相关系数（R）
Height	0.0404	-0.0427	6.954	0.441***
LT	8.775	0.629***	4.331	0.348***
LA	1.603	0.269***	10.204	0.534***
SLA	14.122	0.798***	1.051	0.171*
LDMC	0.0857	-0.0621	21.789	0.781***
LCC	8.761	0.629***	18.038	0.71***
LNC	18.311	0.909***	1.415	0.199**
LPC	8.142	0.606***	0.338	-0.0972
LKC	10.584	0.691***	1.108	0.176*
LC：N	7.481	-0.581***	8.288	0.482***
LC：P	9.026	-0.638***	14.156	0.629***
LC：K	5.489	-0.498***	2.785	0.279***
LN：P	7.581	-0.585***	9.543	0.517***

注：Height 代表植物高度，LT 代表叶片厚度，LA 代表叶片面积，SLA 代表叶片比叶面积，LDMC 代表叶干物质量，LCC 代表叶片碳含量，LNC 代表叶片氮含量，LPC 代表叶片磷含量，LKC 代表叶片钾含量，LC：N 代表叶片碳氮比，LC：P 代表叶片碳磷比，LC：K 代表叶片碳钾比，LN：P 代表氮磷比；星号表示显著性，* 表示 $p<0.05$，** 表示 $p<0.01$，*** 表示 $p<0.001$（下同）。

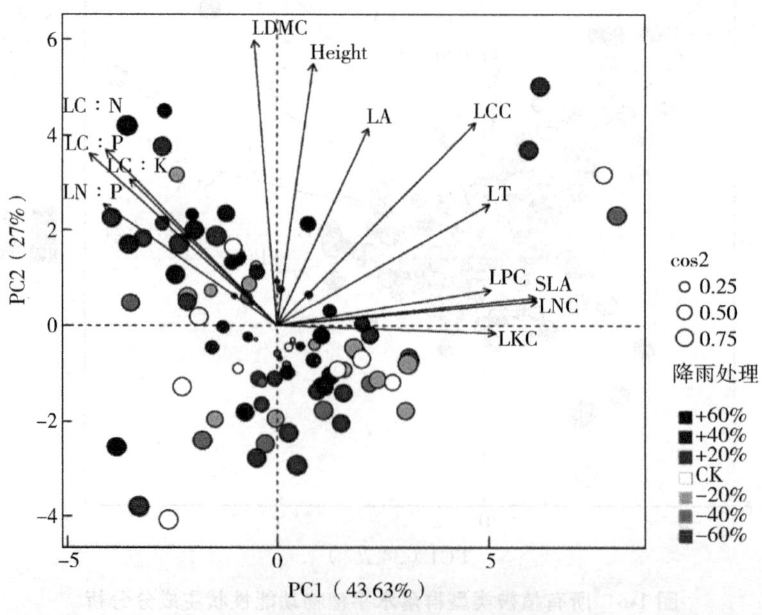

图 1-7　草本群落植物功能性状主成分分析

表 1-5　草本群落植物功能性状对前两轴的贡献程度及相关分析

性状	PC1		PC2	
	贡献程度 (Contribution)	相关系数 (R)	贡献程度 (Contribution)	相关系数 (R)
Height	0. 286	0. 127	19. 927	0. 836***
LT	10. 304	0. 764***	4. 253	0. 386***
LA	1. 851	0. 324**	11. 302	0. 629***
SLA	15. 192	0. 928***	0. 225	0. 0889
LDMC	0. 129	−0. 0855	23. 627	0. 91***
LCC	8. 938	0. 712***	11. 972	0. 648***
LNC	15. 364	0. 9332***	0. 169	0. 0772
LPC	10. 377	0. 7672***	0. 364	0. 113
LKC	10. 809	0. 783***	0. 0171	−0. 0245
LC ∶ N	6. 716	−0. 617***	9. 058	0. 564***
LC ∶ P	8. 089	−0. 677***	8. 629	0. 55***
LC ∶ K	4. 99	−0. 532***	6. 209	0. 467***
LN ∶ P	6. 945	−0. 627***	4. 247	0. 386***

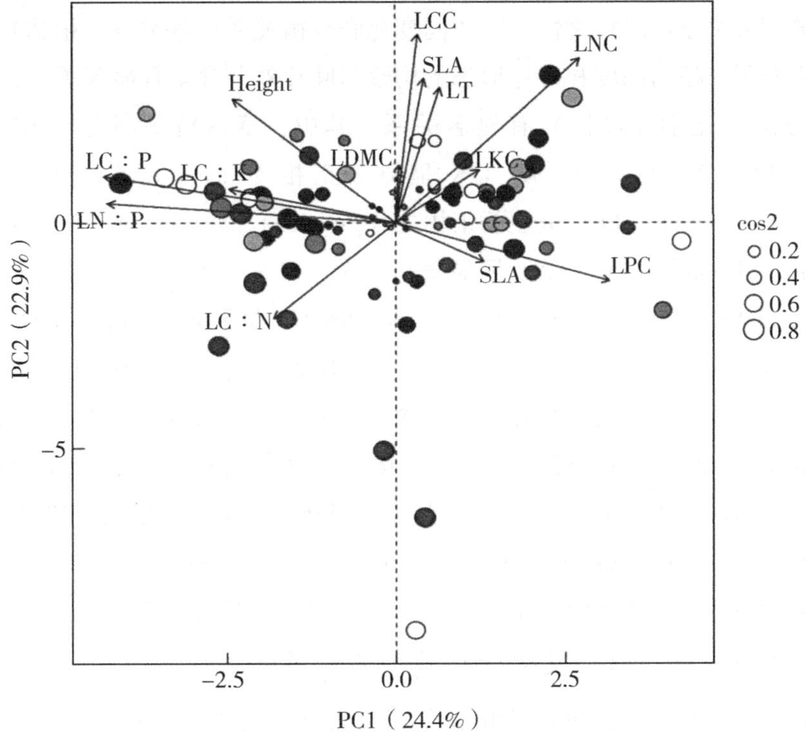

图 1-8　灌木群落植物功能性状主成分分析

表 1-6　灌木群落植物功能性状对前两轴的贡献程度及相关分析

性状	PC1		PC2	
	贡献程度 (Contribution)	相关系数 (R)	贡献程度 (Contribution)	相关系数 (R)
Height	7.908	-0.501***	10.951	0.571***
LT	0.598	0.138	12.892	0.619***
LA	2.3	0.27*	1.082	-0.179
SLA	0.242	0.0876	14.689	0.661***
LDMC	0.005	0.0127	2.382	0.266**
LCC	0.143	0.0674	25.219	0.867***
LPC	13.579	0.657***	2.453	-0.27*
LKC	2.072	0.257*	1.999	0.244*
LC : N	4.472	-0.377***	6.503	-0.44***
LC : P	25.392	-0.8987***	1.542	0.214*
LC : K	8.313	-0.514***	0.814	0.156
LN : P	24.883	-0.889***	0.253	0.0868

2. 植物功能性状间数量关系

性状间的相关关系反映植物性状间协同变化和权衡关系。草本群落植物功能性状间的相关分析结果表明，植物高度和叶片形态的构建与叶片养分含量有显著关系，而 LDMC 的积累与养分分配（化学计量比）有显著关系。其中，草本植物高度与 LT、LA、SLA、LDMC、LCC、LC : N、LC : P、LC : K 呈显著正相关（$p<0.05$）；LT 与 LA、SLA、LDMC、LCC、LNC、LPC、LKC 呈显著正相关（$p<0.05$），与 LC : N、LC : P 呈显著负相关；LA 与 SLA、LDMC、LCC、LNC 呈显著正相关；SLA 与 LCC、LNC、LPC、LKC 呈显著正相关，与 LDMC、LC : N、LC : P、LC : K、LN : P 呈显著负相关（$p<0.05$）；LDMC 与植物高度、LC : N、LC : P、LC : K、LN : P 呈显著正相关（$p<0.05$）。灌木群落表现为：植物高度和叶片形态的构建与叶片养分含量及养分分配（化学计量比）有显著关系，而 LDMC 的积累与 LCC、LNC 有显著关系。其中，植物高度与 LT、SLA、LDMC、LCC、LC : P、LC : K、LN : P 呈显著正相关，与 LA、LPC 呈显著负相关；LT 与 SLA、LCC、LNC 呈显著正相关；LA 与 LPC、LKC、LC : N 呈显著正相关；SLA 与 LCC、LNC 呈显著正相关，与 LC : N 呈显著负相关；LDMC 与 LCC、LNC 呈显著正相关（$p<0.05$）。

3. 群落结构与叶片养分及化学计量间数量关系

用叶片养分含量及化学计量比的相关分析来表征土壤养分对植物叶片养分的调控作用，结果表明，草本群落降水量变化能够显著影响土壤 SCC、SNC，土壤 SCC、SNC 与叶片养分含量显著相关，叶片养分含量之间存在明显耦合关系。其中，降水量与 LNC、

LPC、LKC 含量呈显著负相关，与 LC：N、LC：P、LC：K 呈显著正相关，与 SCC 和 SNC 呈显著负相关。叶片养分和化学计量比间及与土壤养分的关系表现为：LCC 与 LNC、LPC、LKC 呈显著正相关，与土壤 0~10cm 土层 SNC、SPC 及 10~20cm 土层 SNC 呈显著正相关。LNC 与 LPC、LKC 呈显著正相关，与 LC：N、LC：P、LC：K 呈显著负相关；LNC 与 0~10cm 土层 SCC、SNC、SPC、SKC 以及 10~20cm 土层 SCC、SNC 呈显著正相关（$P<0.05$）。LPC 与 LKC 呈显著正相关，与 LC：N、LC：P、LC：K、LN：P 呈显著负相关；LPC 与土壤 0~10cm 土层 SCC、SNC 及 10~20cm 土层 SCC、SNC 呈显著正相关。LKC 与 LC：N、LC：P、LC：K、LN：P 呈显著负相关，与土壤 0~10cm 土层 SCC、SNC、SPC 以及 10~20cm 土层 SCC、SNC 呈显著正相关。叶片 LC：N、LC：K、LC：P、LN：P 之间存在显著正相关，与 0~10cm 土层和 10~20cm 土层 SCC 和 SNC 呈显著负相关。

灌木群落降水量能够影响土壤 SCC 和 SNC，土壤 SCC、SNC 与叶片 LNC、LPC 含量及其化学计量比显著相关，LNC、LPC 与养分化学计量比存在明显耦合关系，具体为：降水量与 LCC、LC：N、LC：P、LN：P 呈显著正相关，而与 LPC 呈显著负相关；降水量与土壤 0~10cm 土层 SCC、SNC 和 10~20cm 土层 SCC、SNC 呈显著负相关。叶片养分和化学计量比间及与土壤养分的关系表现为：LCC 仅与 LNC 呈显著正相关。叶片 LNC 与 LKC 呈显著正相关，与 LC：N、LC：P、LN：P 呈显著负相关；LNC 与 0~10cm 土层 SCC、SNC 和 10~20cm SCC、SNC 呈显著正相关。LPC 与 LC：P、LC：K、LN：P 呈显著负相关关系；叶片 LPC 与 0~10cm 土层 SCC、SNC 和 10~20cm 土层 SCC、SNC 呈显著正相关关系。LKC 仅与 LC：K 呈显著负相关。LC：N、LC：K、LC：P、LN：P 也存在显著相关，与 0~10cm 土层和 10~20cm 土层 SCC 和 SNC 呈显著负相关。

两种植被类型群落结构与叶片养分含量、化学计量比、SCC 和养分含量的相关关系表明，草本群落物种丰富度与土壤 0~20cm 土层 SPC 显著相关，香农—威纳多样性指数则与叶片养分化学计量比以及 SNC 显著相关，均匀度指数与 LNC、LKC、化学计量比以及 SCC、SNC 显著相关。灌木群落物种丰富度指数与叶片 LCC、LNC、化学计量比及 SCC、SNC 显著相关，物种香农—威纳多样性指数与叶片 LNC、LPC、化学计量比、土壤 SCC 及 SNC 含量显著相关，而均匀度指数则与叶片 LPC、化学计量比、土壤 SCC、SNC 显著相关。

（五）降水变化对地上生物量的影响

1. 地上生物量特征

不同群落类型地上生物量比较结果表明（见图 1-9）：正常降雨年份灌木群落地上生物量显著高于草本群落，极端降雨年份灌木群落地上生物量显著高于草本群落。

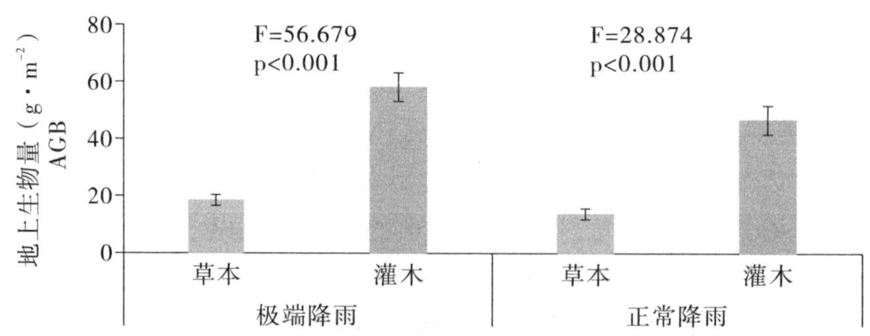

图 1-9　不同植被类型地上生物量比较

草本群落降水量和地上生物量一般线性回归结果表明，草本群落正常降雨年份和极端降雨年份均表现为地上生物量随降水量增加而显著增加（正常降雨年份：$R^2=0.429$，$p<0.001$；极端降雨年份：$R^2=0.53$，$p<0.001$）；灌木群落与草本群落响应格局基本一致，正常降雨年份和极端降雨年份地上生物量与降雨量呈显著正相关（正常降雨年份：$R^2=0.273$，$p<0.001$；极端降雨年份：$R^2=0.297$，$p<0.001$）。从线性回归斜率及混合线性模型降水量与年份的交互作用结果来看，草本群落和灌木群落均表现为极端降雨年份地上生物量对降水量变化的响应较正常降雨年份敏感。

采用混合线性模型验证降水处理、植被类型、年份变化及交互作用对地上生物量的影响，结果表明，降水处理、植被类型、年份变化以及降水和年份的交互效应对地上生物量均有显著影响（见表 1-7）。

表 1-7　降水量、植被类型、年份变化及其交互作用对地上生物量的影响

因子	d	F	P
降水量	+	70. 456	***
植被类型	+	83. 128	***
年份变化	−	5. 912	*
降水量根植被类型		25. 89	0. 708
降水量	+	90. 24	**
植被类型		84. 92	0. 887

注：星号表示影响的显著性，* 表示 $p<0.05$，** 表示 $p<0.01$，*** 表示 $p<0.001$。

2. 地上生物量与群落结构、植物功能性状关系

以物种多样性指数为自变量，地上生物量为因变量，筛选预测地上生物量的最优模型，结果表明，草本群落物种丰富度和均匀度指数与地上生物量存在显著关系，灌木群落均匀度指数与地上生物量存在显著关系。其中，草本群落丰富度与地上生物量关系的最优模型为幂函数（$R^2=0.279$，$p<0.01$），均匀度指数与地上生物量最优模型是斜率为负的线性模型（$R^2=0.199$，$p<0.01$）。灌木均匀度指数与地上生物量有显著关系，最优模型是斜

率为负的线性模型（$R^2=0.212$，$p<0.01$），最优模型见表 1-8。

表 1-8 物种丰富度、多样性指数、均匀度指数与地上生物量关系的最优模型

多样性指数	草本	灌木
	Modle，R^2，p	Modle，R^2，p
Richness	$y=1.056x1.2214$，$R^2=0.279^{**}$	$y=1.2055e0.259x$，$R^2=0.0198$
Shannon's diversity	$y=0.9855e0.2592x$，$R^2=0.0027$	$y=-0.631x+1.7216$，$R^2=0.0342$
Evenness	$y=-2.1843x+0.65$，$R^2=0.199^{**}$	$y=-2.7272x+1.2042$，$R^2=0.212^{**}$

注：Richness 代表物种丰富度指数，Shannon's diversity 代表香农—威纳多样性指数，Evenness 代表物种均匀度；星号表示显著性，**表示 $p<0.01$。

植物功能性状预测生物量的最优模型表明，草本群落植物高度、LT、SLA、LDMC、LNC、LPC、LKC 与地上生物量有显著关系，灌木群落植物高度、LT、SLA、LDMC、LCC 与地上生物量有显著关系。其中，草本群落植物高度（$R^2=0.098$，$p<0.01$）和 LDMC（$R^2=0.0594$，$p<0.05$）与地上生物量的最优模型为指数函数，LT（$R^2=0.119$，$p<0.01$）、SLA（$R^2=0.170$，$p<0.01$）、LNC（$R^2=0.243$，$p<0.01$）、LPC（$R^2=0.145$，$p<0.01$）、LKC（$R^2=0.109$，$p<0.01$）与地上生物量的最优模型为斜率为负的线性模型。灌木群落植物高度（$R^2=0.321$，$p<0.01$）、LT（$R^2=0.122$，$p<0.01$）、LCC（$R^2=0.171$，$p<0.01$）与地上生物量的最优模型为斜率为正的线性模型，SLA（$R^2=0.111$，$p<0.01$）和 LDMC（$R^2=0.107$，$p<0.01$）与地上生物量的最优模型为对数函数，最优模型见表 1-9。

表 1-9 植物功能性状与地上生物量关系的最优模型

性状	草本	灌木
	Modle，R^2，p	Modle，R^2，p
Height	$y=0.6246e0.4743x$，$R^2=0.098^{**}$	$y=0.8247x+0.6114$，$R^2=0.321^{**}$
LT	$y=-0.7014x+0.8271$，$R^2=0.119^{**}$	$y=0.8783x+1.8966$，$R^2=0.122^{**}$
LA	$y=1.0539e0.1842x$，$R^2=0.0218$	$y=0.0929x+1.6825$，$R^2=0.0139$
SLA	$y=-0.6064x+1.7538$，$R^2=0.170^{**}$	$y=0.753\ln(x)+1.5195$，$R^2=0.111^{**}$
LDMC	$y=0.5085e0.288x$，$R^2=0.0594^{*}$	$y=1.1924\ln(x)+0.5695$，$R^2=0.107^{**}$
LCC	$y=-0.47x+2.3059$，$R^2=0.0389$	$y=1.2181x-1.4368$，$R^2=0.171^{**}$
LNC	$y=-0.7396x+2.1253$，$R^2=0.243^{**}$	$y=0.805\ln(x)+1.3691$，$R^2=0.0544$
LPC	$y=-0.3212x+1.0529$，$R^2=0.145^{**}$	$y=-0.1406x+1.5918$，$R^2=0.0201$
LKC	$y=-0.3609x+1.3916$，$R^2=0.109^{**}$	$y=-0.1475x+1.6939$，$R^2=0.0112$

注：Height 代表植物高度，LT 代表叶片厚度，LA 代表叶片面积，SLA 代表叶片比叶面积，LDMC 代表叶干物质量，LCC 代表叶片碳含量，LNC 代表叶片氮含量，LPC 代表叶片磷含量，LKC 代表叶片钾含量；星号表示显著性，*表示 $p<0.05$，**表示 $p<0.01$。

三、植物形态性状对降水变化的响应

植物功能性状是植物长期适应外部环境过程中经遗传变异和自然选择而形成的稳定指标，可反映植物生长状况、资源利用策略和对环境变化的响应及适应，受气候因子，如温度、光照、降水等，以及地理、人为干扰，如放牧、施肥等非生物因子的显著影响。本节发现降水量的大小、植被类型的差异、年份的变化对植物高度、叶面积、叶干物质量均产生了显著影响。

不同植被类型对降水变化的响应策略不同。草本群落降水处理对植物高度、叶面积、叶干物质量的影响存在显著差异，灌木群落植物高度、叶厚度、叶面积、比叶面积、叶干物质量存在显著差异。同时，草本群落植物高度、叶面积以及叶干物质量随降水量呈显著增加，比叶面积随降水量呈显著降低，而灌木群落植物形态特征随降水量梯度无明显趋势，可能与干旱荒漠区不同植被类型应对生境变化的内在机制有关。从群落内部结构来看，草本群落中优势物种包括“针形”叶的多年生禾本科的针茅属和百合科的葱属植物，具有对生境水分变化反应灵敏、叶片迅速生长的特征；水分可利用性增加时，植物的生长限制得到缓解，草本植物能够在短时间内恢复其活力，快速增加的植物高度、叶面积提高了植物的光合作用速率和呼吸作用强度，以最快的速度恢复生长受限的组织，促进植物资源的获取和周转率，表现出对水分的“快速资源获得型”策略。灌木群落以红砂为优势物种，根系能够利用较深层土壤的水分，干旱区相对较小的降水量对深层土壤水分影响强度有限，因此，较短时间的小范围降水变化对地上植被影响不显著。此外，灌木植物强壮的多年生茎部木质组织和地下根系部分具有较强的抗旱性，有利于应对可能出现的极端气候事件，对维持生态系统稳定性和抵抗不利环境发挥重要作用，因此，灌木群落表现出对降水变化响应不显著的“保守型”资源利用策略。

未来全球将面临极端气候变化，尤其是干旱区的极端降水变化，这种变化对个体、群落、生态系统功能乃至生物圈的影响都无法估量。本节的降水处理包括极端降水处理和极端干旱处理，比较不同降水处理植物功能性状的差异发现，降水量变化对草本植物功能性状的显著影响主要体现在极端降水处理，如植物高度、叶面积和叶干物质量在+60%和+40%与-60%和-40%之间。灌木群落主要体现在极端干旱处理中，例如在-60%降水处理灌木植物高度和叶干物质量显著低于其他处理。综上所述，荒漠区植物具有一定的抵抗力，对降水量较小范围波动影响下的植物性状响应不明显，极端降水事件和极端干旱事件对植物个体和群落属性及生态系统功能的影响不容忽视。

年际气候变化对植物的影响广泛存在于植物属性与环境因子的关系中。植物叶面积、比叶面积、叶干物质量和叶氮含量在年际间差异显著，表现为极端降雨年份叶面积更大而干旱年份叶干物质量值更大，多数性状在极端降雨年份较正常降雨年份对降水变化的响应更敏感。从群落演替的角度来看，年份的变化又可作为群落受降水变化影响的时间尺度，随年份的变化，群落结构和植物高度和比叶面积响应显著，群落的演替程度不同，造成植被及生态系统特征与环境的关系不同。

四、叶片养分及化学计量对降水变化的响应

本节草本群落叶片碳含量均值为 393.3$g \cdot kg^{-1}$，灌木群落为 316.3$g \cdot kg^{-1}$，草本群落叶片氮含量平均值为 28.1$g \cdot kg^{-1}$。草本群落叶片磷含量平均值为 1.2$g \cdot kg^{-1}$，灌木群落为 1.4$g \cdot kg^{-1}$。氮磷比能够说明群落对氮、磷养分限制状况，本节中草本群落叶片氮磷比平均值为 39.4，而灌木群落叶氮磷比平均值为 31.9，均高于全球水平、美国草地生态系统以及中国三种植被类型的平均值（见表 1-10），说明本节草本群落受磷元素限制作用较灌木群落强，而灌木受氮限制作用较草本群落强。

表 1-10　其他区域叶片碳、氮、磷含量及氮磷比与本节的比较

单位：$g \cdot kg^{-1}$

研究范围	本节		全球			美国	中国		
植被类型	草本	灌木	常绿乔木	落叶乔木	草本	草本	草本	灌木	乔木
LCC	393.3	316.3	—	—	—	392.3	—	—	—
LNC	28.1	22.4	13.7	22.2	22.2	14.2	20.9	19.1	15.7
LPC	1.2	1.4	1.02	1.6	1.86	1.2	1.55	1.11	1
LN：P	39.4	31.9	13.4	11.9	11.96	—	13.5	14.7	15

注：LCC 代表叶片碳含量，LNC 代表叶片氮含量，LPC 代表叶片磷含量 LN：P 代表氮磷比，参考 Güsewell（2010）、Bell 等（2013）、Han 等（2005）。

碳是组成植物体的结构性物质，不是限制植物群落物种多样性的关键营养元素，受环境变化的影响较小。草本群落叶碳含量对降水量变化无显著响应，其碳循环过程受生境水分有效性的波动影响较小，叶氮含量、叶片钾含量对降水变化响应敏感，而灌木群落叶碳含量随降水增加显著增加。这一结果支持前述的草本群落响应降水变化表现的“快速资源获得型”策略，灌木群落则为“保守型”资源利用策略。

植物体内的氮、磷、钾元素则为功能性物质，在植物体内的含量及其耦合作用能够调节植物生长，在植物体内存在功能上的联系，具有灵活的自我调节机制来适应生境因子的时空变化。草本群落植物叶氮含量、叶钾含量随降水量增加呈显著降低现象。

五、植物功能性状和养分权衡策略对降水变化的响应

群落在植物功能性状空间上的分布能够反映基于植物功能性状的适应策略差异，以及推测植物功能性状间的耦合关系。草本和灌木群落在植物功能性状空间上的聚集程度不同，草本群落分布较发散，而灌木群落分布较聚集，表明不同植被类型在功能性状上表现对生境变化的适应策略不同，研究区属于荒漠草原区，以土壤水分严重受限为主要特点，区域植被及生态系统功能处于高度的生态生理压力之下，水分因素成为重要环境时，造成该区典型植被的生理生态特征产生一系列的适应对策。具体而言，草本群落减雨处理主要分布在较高的叶氮含量、叶磷含量、叶钾含量以及比叶面积和较低的植物高度和叶干物质量性状轴一端，而大部分增雨处理植物分布在较高的叶片碳氮比、叶碳磷比、叶碳钾比、叶氮磷比以及较高的植物高度和叶干物质量性状轴一端，反映了草本群落应对降水变化采取资源利用最大化的适应策略，其功能适应性较强，而大部分灌木群落聚集在性状空间的中心位置，不同降水处理在性状空间的分布无明显规律，这可能与灌木群落植物功能稳定性较强有关。降水变化造成性状间的权衡关系受到植被类型的影响，不同植被类型存在着不同的性状适应性分化。另外，植物功能性状在主成分分析前两轴的相关关系显著还表明了受降水变化的影响植物功能性状间存在耦合关系。

植物响应生境变化过程中通过多种功能性状的协同配合，进而形成适应环境的一系列的性状特征，这种权衡和协同变化调整资源利用及分配方式，体现了植物对生境的适应策略。植物“叶经济型谱”能很好地解释植物的生存适应策略。

植物高度、叶面积、叶干物质量、叶片养分含量等功能性状间的相关关系显著，同时，响应降水量增加，草本群落通过降低叶氮含量、叶钾含量，提高叶碳氮比、叶碳磷比、叶碳钾比提高光合作用效率；灌木群落通过增加叶碳含量、叶碳氮比、叶碳磷比和叶氮磷比用于构建植物骨架，植物在功能效率和结构构建两个方面呈现“此消彼长”的养分资源权衡投资策略。草本植物高度和比叶面积呈显著正相关，较大的比叶面积和较高的植物高度有助于光合速率及生产率的提高，以便适应多物种共存的竞争环境。反之，降水量减小，植物通过降低气孔导度，减小净光合速率下降，比叶面积和叶片养分含量的增加，分配给植物构建自身结构的植物高度和叶干物质量能量和物质比例减小，此时，植物通过增加的叶片养分用以供给植物基本的新陈代谢，保证植物在水分可利用性较低的生境下得以完成生存、繁殖等生命过程；较小的叶面积使得植物蒸腾速率降低，这有助于控制植物体水分散失，从而提高水分利用效率，增强植物的抗旱能力。

植物根、茎和叶中的大量养分含量主要取决于土壤养分供应程度和植物对养分的需求，说明对植物生长限制最强的养分元素含量决定了植物体所有的养分元素循环及吸收速度，这些循环速度同时受到生境因子的影响。植物养分含量及化学计量比的相关性分析可

以揭示受降水变化影响的养分权衡关系，有助于对养分之间的耦合过程做出合理的解释，土壤有机碳、土壤全氮与叶片氮含量呈极显著正相关，说明植物应对降水变化过程中叶片碳含量、叶片氮含量的丰富程度与土壤有机碳、土壤全氮密不可分；植物叶片中氮的来源主要是土壤全氮，因此，土壤有机碳、土壤全氮影响植物叶片碳、氮的循环过程及叶片的养分分配。植被—土壤系统是一个相互联系的复杂有机整体，植物叶片通过光合作用固定碳产生有机物，将其转移或以凋落物形式补给到土壤中，凋落物分解后养分返还土壤，植物体可进行重新吸收，整个系统的养分含量及生态化学计量特征具有明显的差异性和关联性。当土壤条件变化时，植物可通过内稳态调节机制来维持体内化学计量特征的稳定性。土壤全磷、土壤全钾与叶片磷含量、叶片钾含量无显著相关，表明植物体内的磷、钾元素含量在降水变化背景下相对稳定，呈绝对稳态，同时，干旱处理下，植物叶片氮含量增加维持了植物生存的重要生理、生化过程的稳定性。

基于植物生长受氮或磷的限制状况，植物和土壤养分及化学计量比特征是研究生态系统中营养结构变化、生物多样性和生物地球化学循环的基本依据，在决定植被群落结构和功能方面起关键作用。植物养分含量和生态化学计量特征变化通过限制植物的生长，进而影响群落中物种组成和多样性。草本群落物种丰富度与土壤磷含量呈显著正相关，物种多样性和均匀度与植物化学计量比呈显著负相关，而与土壤有机碳和土壤全氮显著正相关。灌木群落物种丰富度、多样性和均匀度与植物化学计量均呈显著负相关，与土壤和叶片养分含量呈显著正相关，结果说明，土壤养分和叶片养分是群落结构的调控因子，氮、磷的限制作用显著降低了草本和灌木群落物种丰富度、多样性和均匀度，这种限制作用对植物种类的特征、物种丰富度和植被动态等也具有反馈效应。

第二节 降水对典型草原植物特征的影响

半干旱区草原生态系统稳定性对于降水变化十分敏感，降水格局的变化通过影响植物和土壤 C∶N∶P 化学计量特征，进而影响生态系统稳定性。因此，研究典型草原生态系统生态化学计量对降水变化的生态响应，具有重要的生态学意义和实践指导作用。本节以宁夏固原黄土高原典型草原为研究对象，采用遮雨棚—灌溉技术模拟三个降水梯度，即正常降水的 50%、100%和 150%（分别记为 PR、CK 和 PI），系统研究降水变化背景下典型草原植被及土壤生态化学计量变化特征，以期阐明气候变化对半干旱区典型草原生态系统稳定性的影响，揭示气候变化背景下草原生态系统生态化学计量的响应机制。

一、试验设计

（一）模拟降水装置

试验以宁夏固原云雾山为研究对象，该地区降水与大气温度情况见图 1-10。选择地势平坦，植物长势均匀的典型草原进行围封作为试验样地，建立单因素完全随机的模拟降水控制试验。设置不同的水分梯度，分别为正常降水的 50%（PR）、正常降水的 100%（CK）和正常降水的 150%（PI），每个降水处理设置三个生物学重复，共计 9 个试验小区。小区面积为 6m×6m，小区间隔为 2m。增减雨装置设计：在小区上方搭建钢架结构，将 V 形聚乙烯材料板固定于钢架结构之上以截留水分并遮盖试验小区面积的 50%，形成减雨区（PR）。减雨区截留的雨水会通过与 V 形板相连接的 PVC 管道利用钢架结构自身的高度（钢架靠近增雨区一侧较低）自流到集雨桶中，集雨桶下部开口并连接自流灌溉管道，雨水通过灌溉管道补充给相邻的小区，形成增雨区（PI）。为了防止地下水分渗漏以及地表径流，在每个试验小区四周设置 1. 2m 的塑料隔板进行水分隔离，地下埋藏深度为 1m，地上高度为 0. 1m。降水控制装置如图 1-11 所示。

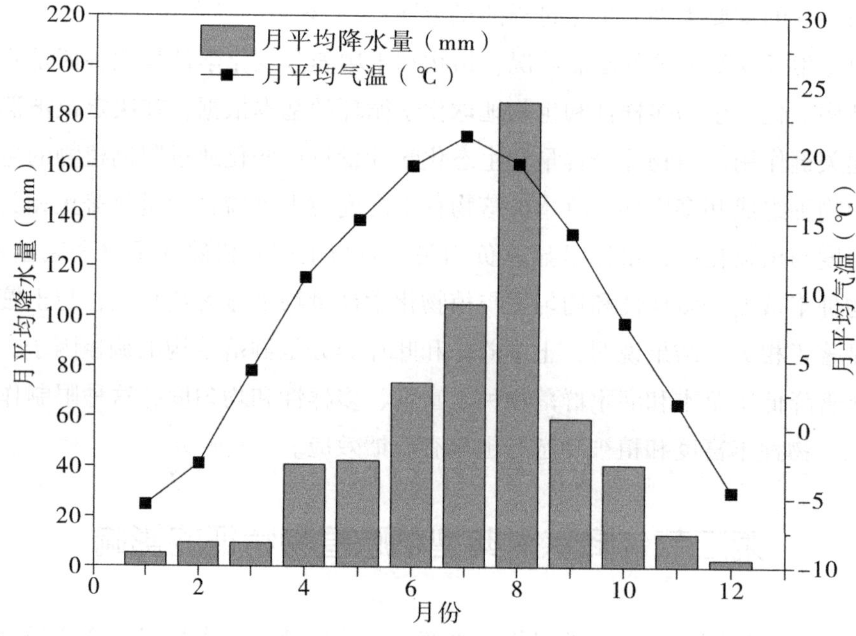

图 1-10　固原云雾山降水与大气温度（1980~2023 年）

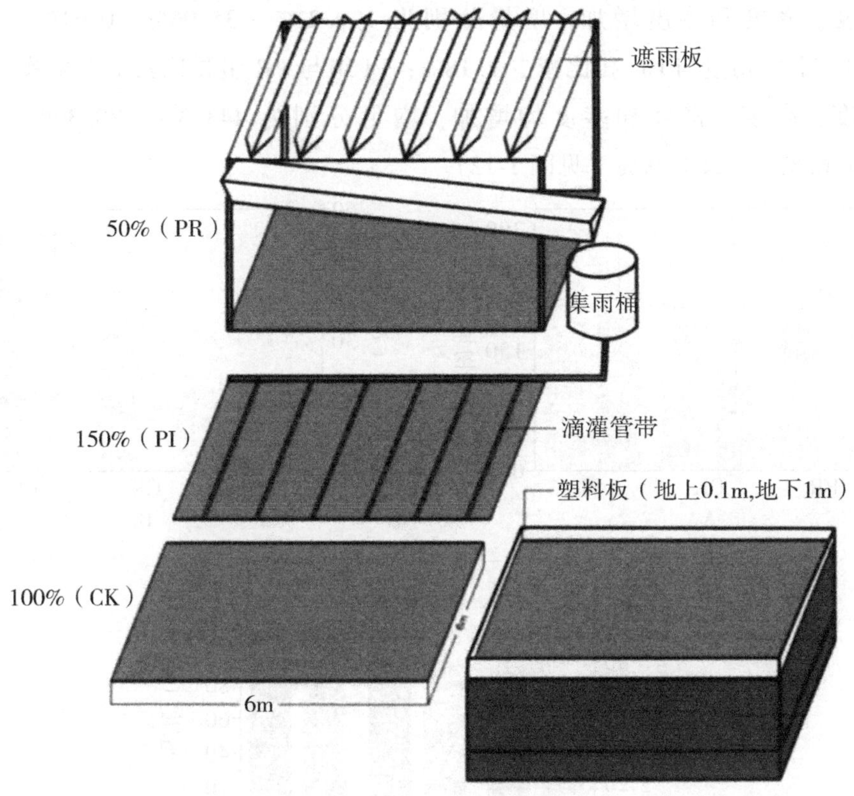

图 1-11　模拟降水装置

（二）数据分析

采用 Microsoft Excel 对数据进行简单统计处理，SPSS 26.2 进行方差分析，Origin 2022 进行绘图。统计分析前均对数据进行正态分布和方差齐次性检验，本试验所有数据均通过检验。采用单因素方差分析检验不同降水变化下典型草原植物群落特征和土壤营养元素的差异；双因素方差分析检验不同降水变化和不同深度下土壤理化性质差异；采用一元线性回归模型分析生物量与生物多样性指数及土壤呼吸与土壤温度的拟合关系，对土壤酸碱度和土壤养分，植物—土壤—枯落物的耦合关系进行 Pearson 相关性分析；最小显著差异法（LSD）进行多重比较，显著性水平为 0.05。

二、降水变化对植物群落特征的影响

（一）降水变化对典型草原植物群落多样性的影响

1. 降水变化下植物群落基本特征

在降水变化影响下植物群落基本特征呈现上升趋势。数据表明，PR 组与 CK 组相比其地上生物量、地下生物量、频度、高度、密度和多度均减少，减少量分别为 57.63%、24.98%、34.04%、31.21%、44.63%和 73.07%；对于 PI 组与 CK 组相比其地上生物量、频度、高度、密度和多度增加，增量分别为 130.21%、35.06%、0.61%、25.62% 和 3.66%，而地下生物量与 CK 相比减少 2.18%；PI 组与 PR 组相比其地上生物量、地下生物量、频度、高度、密度和多度均增加，增量分别为 443.3%、30.39%、104.77%、46.26%、126.87%、284.89%（见图 1-12）。

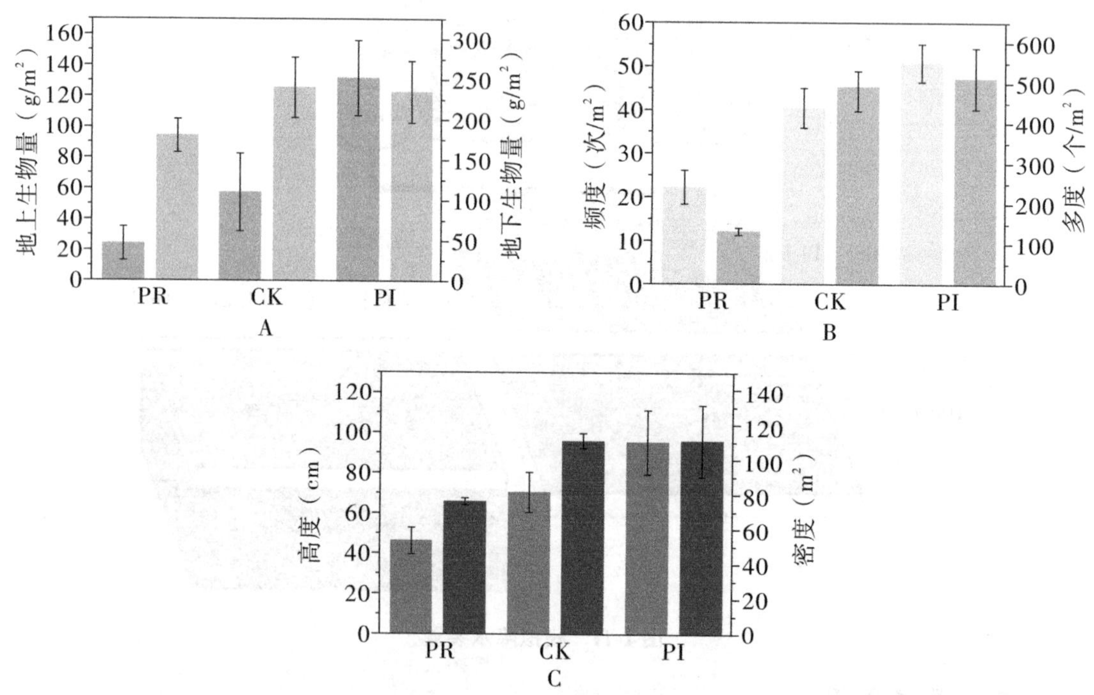

图 1-12 降水对植物群落生物量与基本特征的影响

2. 降水变化下植物群落 α 多样性

随着降水的增加，Margalef 物种丰富度指数呈现增加趋势（见图 1-13），PR 组比 CK 对照组显著减少 26.32%，比 PI 组显著减少了 31.71%；PI 组比 CK 组增加 7.89%。Shannon-Wiener 多样性指数和 Simpson 优势度指数随着降水的减少呈显著减少趋势，PR 组比 CK 组减少量分别为 20.32% 和 12.49%，Pielou 均匀度指数随着降水的减少而减少了 9.56%；Shannon-Wiener 多样性指数、Pielou 均匀度指数和 Simpson 优势度指数随着降水的增加也呈现减少趋势，PI 组比 CK 组减少量分别为 5.56%、1.02% 和 8.49%；PI 组与 PR 组相比 Shannon-Wiener 多样性指数、Pielou 均匀度指数和 Simpson 优势度指数均随着降水的增加而增加，增加量分别为 18.53%、1.02%、8.49%。

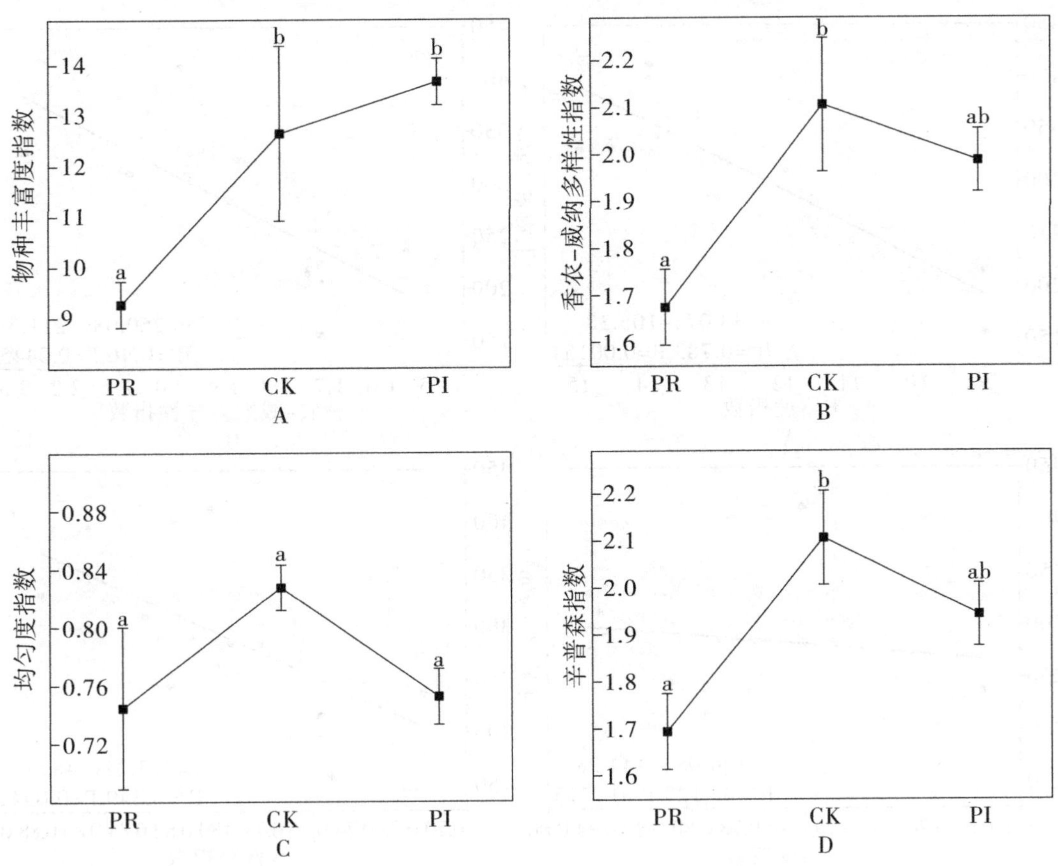

图 1-13 降水变化对植物群落 α 多样性的影响

3. 降水变化下植物群落多样性与植物群落生物量的关系

植物群落 α 多样性与群落总体生物量的线性分析结果表明，在不同降水处理下，典型草原植物群落总生物量与 Margalef 物种丰富度指数有极显著正相关关系（$R^2=0.783$，$P<0.01$），与 Shannon-Wiener 多样性指数（$R^2=0.46$，$P<0.05$）呈显著正相关，而与 Pielou 均匀度指数（$R^2=0.0129$，$P=0.7715$）和 Simpson 优势度指数（$R^2=0.349$，$P=0.0942$）之间无显著相关关系（见图 1-14）。

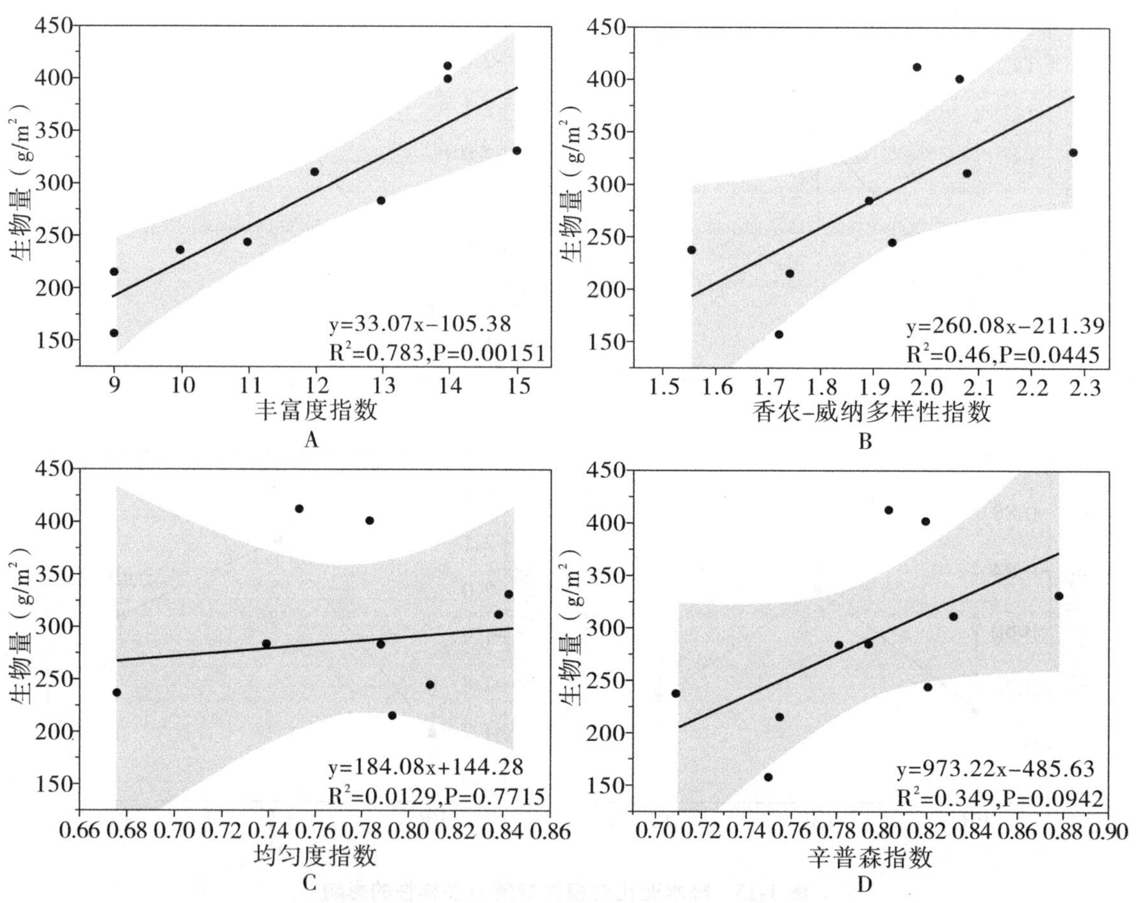

图 1-14 降水处理下植物群落 α 多样性与群落总体生物量的线性分析

（二）降水变化对典型草原植物群落优势种的影响

重要值是评估植物群落物种多样性的重要指标，表示植物物种在群落中的相对重要性。研究区域共发现 14 科 17 属 19 种植物，其中豆科 2 种、禾本科 2 种、菊科 5 种、杂类草 10 种。在植物群落中增加或减少降水使除长芒草以外的其他物种的重要值减小，而长芒草增加或减少降水其重要值始终增加且其所占比例也最大（见表 1-11）。

表 1-11 降水变化下典型草原物种组成及其重要值

编号 No.	物种名称	科	属	降水梯度		
				PR	CK	PI
A	星毛委陵菜	蔷薇科	委陵菜属	0.091	0.162	0.160
B	长芒草	禾本科	针茅属	0.465	0.262	0.375
C	白莲蒿	菊科	蒿属	0.036	0.105	0.045
D	锦鸡儿	豆科	锦鸡儿属	0.080	0.077	0.092
E	糙隐子草	禾本科	隐子草属	0.040	0.094	0.029
F	银灰旋花	旋花科	旋花属	0.045	0.009	0.008

星毛委陵菜、长芒草、白莲蒿在 PI 和 PR 组均出现且对降水出现不同响应，因此将其

作为群落优势种植物。地上生物量随着降水的增加，星毛委陵菜和长芒草有上升趋势。在PI组中，星毛委陵菜比CK组上升472.37%，长芒草则比CK上升294.66%，而白莲蒿有降低趋势，与CK相比降低22.04%。随着降水量的减少，所有优势种植物的地上生物量均表现出下降趋势，根据PR组的结果可得，星毛委陵菜比CK组降低76.97%，长芒草则比CK降低5.86%，白莲蒿比CK降低86.28%。降水量对优势种植物星毛委陵菜地上生物量影响显著，上升降水量可以使其地上生物量显著上升；降水量变化对长芒草地上生物量也有显著影响，其地上生物量显著上升，而对白莲蒿地上生物量影响不显著。

地下生物量随着降水的增加，星毛委陵菜和长芒草有上升趋势。在PI组中，星毛委陵菜比CK组上升110.89%，长芒草比CK组上升226.38%，白莲蒿有降低趋势，与CK组相比降低76.88%。随着降水量的减少，星毛委陵菜和白莲蒿表现出下降趋势；在PR组中，星毛委陵菜比CK组降低54.99%，白莲蒿比CK组降低93.32%，而长芒草随着降水量的降低却有上升趋势，与CK组相比上升41.91%。

总生物量随着降水量的增加，星毛委陵菜和长芒草呈上升趋势。在PI组中，星毛委陵菜比CK组上升82.94%，长芒草比CK组上升139.85%，白莲蒿有降低趋势，与CK组相比降低62.37%；随着降水量减少，星毛委陵菜和白莲蒿表现出下降趋势；在PR组中，星毛委陵菜比CK组降低60.38%，白莲蒿比CK组降低93.64%，长芒草随着降水量的降低却有上升趋势，与CK组相比上升34.72%。由此可见，降水量对优势种植物星毛委陵菜地上地下生物量的影响显著，上升降水量可以使其地上地下生物量显著上升，对长芒草和白莲蒿地上地下生物量影响不显著。

综上所述，降水可以显著提高星毛委陵菜的地上生物量和总生物量，降水变化也可以显著提升长芒草的地上生物量，而对白莲蒿影响不显著。

（三）降水变化对典型草原植物功能群的影响

1. 降水变化下植物功能群落生物量

植物功能群落总生物量随着降水的增加而增加，PI组相比CK组增加23.44%，PR降水组比CK组减少31.30%，而PI组比PR组增加79.67%，说明增水处理可以提高研究区域内生物群落总生物量。

降水变化对不同的植被功能群落影响：豆科和杂类草的变化趋势一致，豆科总生物量在PR组和PI组比CK组分别降低42.72%和11.81%，PI组比PR组增加53.97%；杂类草总生物量PR组和PI组比CK对照组分别降低74.49%和30.42%，而PI组比PR组增加了63.34%。禾本科植物总生物量与CK对照组相比PR组和PI组分别增加了26.71%和97.06%，PI组比PR组增加了55.52%。总体而言，增加降水增加了各个植被功能群落的总生物量。

2. 降水变化下植物功能群落α多样性

随着降水的增加，Margalef物种丰富度数值呈现上升趋势。PR组与CK组相比，豆科植物减少了50%，禾本科植物减少了16.67%，杂类草减少了25.93%；PI组与CK组相比，豆科植物和禾本科植物无显著变化，杂类草增加了7.41%。

随着降水量的增加，豆科植物的Shannon-Wiener多样性指数呈增加趋势，而对于禾本科和杂类草而言，Shannon-Wiener多样性指数PR组和PI组均低于CK组。PR组与CK组相比，豆科植物降低24.79%，禾本科和杂类草分别降低13.19%和22.53%；PI组与CK组相比，豆科植物增加28.76%，而禾本科和杂类草有所降低，分别降低35.77%和34.13%。

Pielou均匀度指数反映，随着降水量的增加豆科植物呈增加趋势，禾本科和杂类草Pielou均匀度指数处理组均低于对照组。PR组与CK组相比，禾本科降低35.57%，而杂类草降低10.18%；PI组与CK组相比，豆科植增加107.27%，禾本科降低12.82%，杂类草降低11.36%。降水变化对豆科植物影响较大，PI组与PR组有显著差异（$P<0.05$）。

Simpson优势度指数表明，随着降水量降低，植物群落Simpson优势度指数数值呈现显著降低趋势，但是降水量增加对Simpson优势度指数并不显著。PR组与CK对照组相比，豆科植物降低32.86%，禾本科植物降低13.03%，杂类草降低12.55%；PI组与CK组相比，除了豆科植物增加0.57%外，禾本科和杂类草分别降低了5.72%和5.19%。

降水变化会在一定程度上改变植物群落Margalef物种丰富度数值、Shannon-Wiener多样性指数、Pielou均匀度指数和Simpson优势度指数，直观表现是植物群落结构会发生变化，从而改变植物群落中植物的构成。

（四）降水变化对典型草原植物群落生态位的影响

减水处理组中生态位宽度较为突出的为银灰旋花（5.03）、长芒草（1.13）、锦鸡儿（0.65）；增水处理组中生态位宽度较为突出的是星毛委陵菜（0.94）、锦鸡儿（0.86）、长芒草（0.73）；CK组中生态位宽度较为突出的是糙隐子草（2.43）、白莲蒿（2.28）、星毛委陵菜（0.96）。

三、降水变化下群落植被生态位重叠

PR区和PI区6种群落植被生态位重叠度（见表1-12）显示，PR区星毛委陵菜和糙隐子草生态位重叠值最高（1.00），依次是星毛委陵菜与白莲蒿（0.99）、白莲蒿与糙隐子草（0.98）、锦鸡儿与糙隐子草（0.96）、长芒草与锦鸡儿（0.96）、星毛委陵菜与锦鸡儿（0.93），银灰旋花与白莲蒿的生态位重叠值最低（0.50）；PI区物种星毛委陵菜、长芒草和锦鸡儿的生态位重叠度最高均达到1.00，依次是星毛委陵菜与长芒草（0.99）、白莲蒿与糙隐子草（0.96）、长芒草与白莲蒿（0.94）、白莲蒿与锦鸡儿（0.91）、星毛委陵菜与白莲蒿（0.90），而银灰旋花与星毛委陵菜的生态位重叠值最低（0.62）；CK区物种白莲蒿与糙隐子草生态位重叠值最高（1.00），依次为长芒草与白莲蒿（0.96）、长芒草与锦鸡儿（0.95）、长芒草与糙隐子草（0.95）、星毛委陵菜与锦鸡儿（0.93）、星毛委陵菜与银灰旋花（0.92），银灰旋花与糙隐子草的生态位重叠值最低（0.48）。

表 1-12　群落主要植物的生态位重叠度

编号 No.	A	B	C	D	E	F
A		0.82	0.99	0.93	1.00	0.56
B	0.99		0.76	0.96	0.86	0.87
C	0.90	0.94		0.89	0.98	0.50
D	1.00	1.00	0.91		0.96	0.74
E	0.76	0.83	0.96	0.78		0.60
F	0.62	0.68	0.85	0.64	0.96	

编号 No.	A	B	C	D	E	F
A		0.89	0.68	0.93	0.66	0.92
B	—		0.96	0.95	0.95	0.62
C	—	—		0.84	1.00	0.49
D	—	—	—		0.83	0.83
E	—	—	—	—		0.48
F	—	—	—	—	—	

四、降水变化对典型草原植物群落相似性和稳定性的影响

PI 组和 CK 组的群落植被相似性最大，为 0.7619，PR 组和 CK 组的群落植被相似性最小，为 0.5789（见表 1-13）。CK 对照组群落最稳定，相比之下处理后的 PR 组和 PI 组群落稳定性均有一定程度的降低，PI 组群落稳定性略高于 PR 组（见图 1-15）。

表 1-13　降水影响下植被群落相似性

降水处理	PR	CK	PI
PR	1.0000		
CK	0.5789	1.00000	
PI	0.6111	0.7619	1.0000

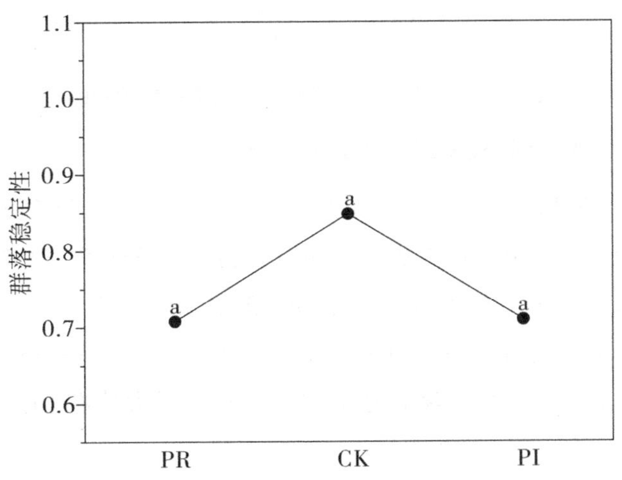

图 1-15　降水变化对植物群落相似性和稳定性的影响

五、降水变化对植物群落化学计量特征的影响

（一）降水变化对植物群落地上化学计量的影响

植物地上部分的 C、N、P 的含量随着降水量增大而减小，但各降水处理对植物地上部分 C、N、P 含量影响不显著。其中植物地上部分 C 含量变化范围为 377.65～422.04g·kg^{-1}，平均 C 含量为 393.42g·kg^{-1}，最大值在 PR 组为 422.04g·kg^{-1}；N 含量变化范围为10.92～15.4g·kg^{-1}，平均 N 含量为 14.21g·kg^{-1}，最大值在 CK 组为 16.31g·kg^{-1}；P 含量变化范围为 0.84～0.95g·kg^{-1}，平均 P 含量为 0.88g·kg^{-1}，最大值在 PR 组为 0.95g·kg^{-1}（见图 1-16a、b、c）。

在降水处理下，植物地上部分的 C：N 随降水的增加而增加，平均值为 28.56，最大值在 PI 组出现为 34.94；而 C：P 和 N：P 随降水的增加而减少，平均值分别为 462.46 和 16.81，最大值均在 CK 组为 484.73 和 20.89。结果表明，降水变化对植物地上部分 C：N：P 有影响但不显著（见图 1-16d、e、f）。

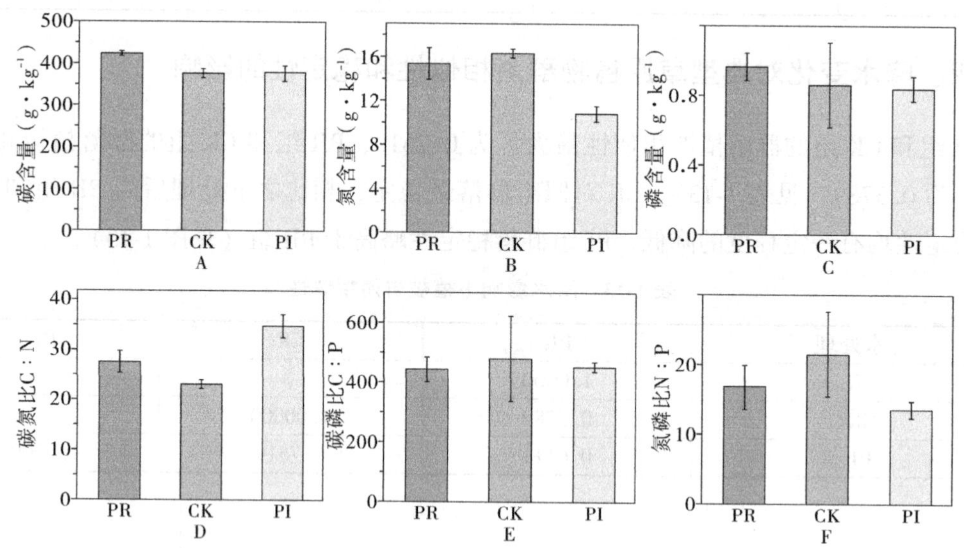

图 1-16　降水变化对植被地上化学计量的影响

（二）降水变化对枯落物化学计量的影响

植物枯落物的 N 和 P 的含量与降水量呈负相关，各降水处理对植物地上部分 C、N、P 含量影响均不显著。其中植物枯落物 C 含量变化范围为 368.53～382.91g·kg^{-1}，平均 C 含量为 373.48g·kg^{-1}，最大值在 CK 组为 382.91g·kg^{-1}；N 含量变化范围为 10.69～13.36g·kg^{-1}，平均 N 含量为 11.9g·kg^{-1}，最大值在 PR 组为 13.36g·kg^{-1}；P 含量变化范围为 0.55～0.7g·kg^{-1}，平均 P 含量为 0.62g·kg^{-1}，最大值在 PR 组为 0.7g·kg^{-1}（见图 1-17a、b、c）。

在降水处理下，植物枯落物的 C：N、C：P 均在 CK 组最大，最大值分别为 36.1、

704.38，其平均值分别为 31.93、614.25 和 19.30；而植物枯落物的 N：P 在 PR 组中最大，最大值为 19.51，其平均值为 19.30。结果表明，降水变化对植物地上部分 C：N：P 有影响但不显著（见图 1-17d、e、f）。

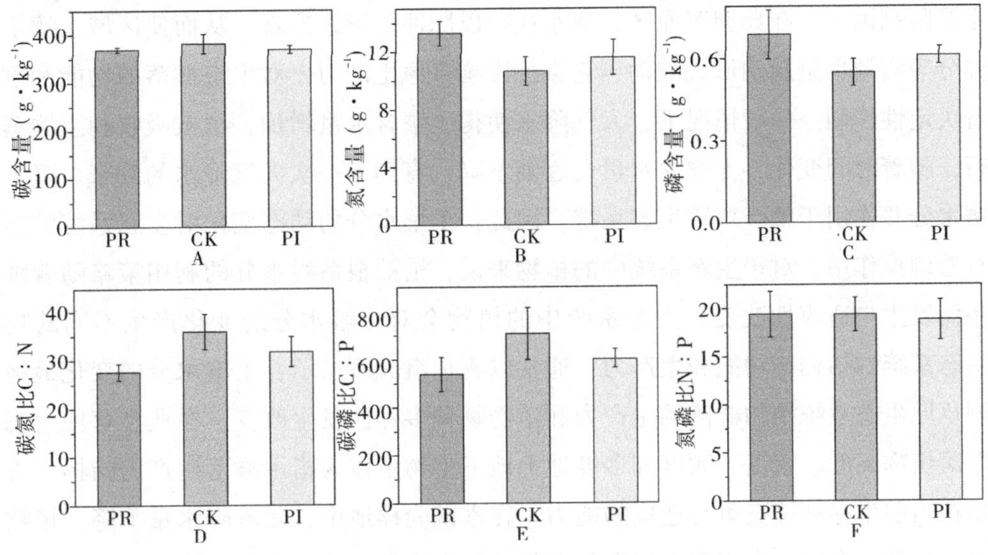

图 1-17　降水变化对枯落物化学计量的影响

（三）降水变化对植物群落地下部分化学计量的影响

研究结果表明（见图 1-18），降水变化对植物地下部分整体的 C、N、P 化学计量有影响但不显著，植物地下部分 C 和 N 含量均在 CK 组达到最大，随着降水增加其变化为先增加后减少。其平均值分别为 363.09$g \cdot kg^{-1}$ 和 7.64$g \cdot kg^{-1}$，最大值均在 CK 组分别为 398.18$g \cdot kg^{-1}$ 和 8.08$g \cdot kg^{-1}$。植物地下部分 P 含量不论降水量增加还是减少均上升，最大值在 PR 组为 0.54$g \cdot kg^{-1}$，平均值为 0.51$g \cdot kg^{-1}$。

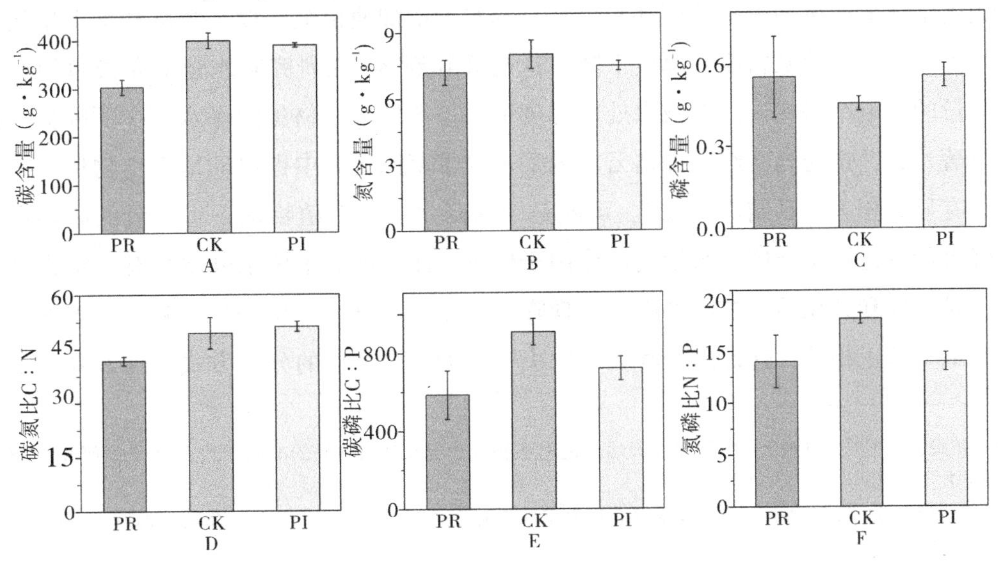

图 1-18　降水变化对地下部分化学计量的影响

六、降水变化对植被特征的影响

土壤水分是连接气候变化和植被覆盖的重要因子，也是干旱半干旱区群落植被生长发育的主要限制因子。在典型草原区，降水往往以脉冲的形式出现，从而使区域土壤水分和土壤养分等资源也呈脉动形式波动，它直接影响草原生产力，对生态群落的功能和群落演替有着决定性作用。一般情况下，大气降水使得土壤含水量增加，植被吸收和土壤蒸发同时进行，随着时间变化，土壤含水量会逐渐下降，直到下一次大气降水的到来。降水会影响土壤水分并作用于整个草原生态系统，因此，土壤水分的动态变化对生态系统的结构和功能有着调控作用。对于生态系统中的植物来说，植被根系对水分的利用策略随着降水量的大小而发生自适应性改变，生态系统中的植物会对土壤水分的变化产生不同的响应差异。生态系统的结构、功能和生产力，通常以物种组成所指示，土壤水分的变化最终会致使典型草原生态系统植物群落的生产力和植物物种多样性发生改变。在典型草原生态系统中，群落植物高度、密度、频度和多度地上地下生物量作为指示群落生产力指标，可以反映植物在当前生存环境竞争与适应的能力。在本试验样地中，随着降水量下降，植物群落生物量、频度、多度、高度和密度有所下降，其中降水变化与地上生物量和频度有极显著差异（$P<0.01$），与密度、多度和高度有显著差异（$P<0.05$），这是因为对于典型草原，降水不稳定，群落植物的生长发育因水分胁迫而受到制约，当降水量下降，土壤水分会更加稀少，胁迫现象加重，致使植被群落地上生物量随之减少，植被高度、密度、频度和多度显著下降。

随着降水增加，地下生物量随之降低，这与王娓等在研究中国北方天然草地时得出的结论一致①，其原因可能是，随着全球降水格局的变化，降水增多，植物会分配相对较少的碳到地下从而减少地下碳的储存和周转。降水的增加使植被高度、频度和地上生物量均有所增加，但会使植被密度和厚度下降，这与郭新新等②在研究降水量对荒漠草原植物地上生物量的影响结果相近。在减水处理梯度下，植被地下生物量随降水减少而降低，但是没有显著差异，这与马文红、方精云在内蒙古温带草原研究中得出的地下生物量与年均降水间没有显著相关关系结论一致③，可能是因为降水变化对植物地下生物量的影响主要是通过降水量变化影响土壤含水量间接作用于植物，而降雨后土壤水分变化有一定程度的滞后性、时效性和累积性。在本书中，发现降水变化与群落地上生物量、频度、多度、高度和密度基本呈正相关，这是由于其大小取决于植物光合产物的分配方式。随着降水量的减

---

① 王娓，彭书时，方精云．中国北方天然草地的生物量分配及其对气候的响应［J］．干旱区研究，2008，25（1）：90-97.

② 郭新新，岳平，李香云，等．降水量对荒漠草原骆驼蓬（Pegammharmala）地上生物量的影响［J］．中国沙漠，2022，42（2）：164-172.

③ 马文红，方精云．内蒙古温带草原的根冠比及其影响因素［J］．北京大学学报（自然科学版），2006（6）．

少，群落中各个植物之间水分竞争变得激烈，为了保证自身生存，营养物质和光合产物更多地分配到了植物地上部分，减少了在地下部分的投入，以通过叶片光合等方式获得更多的养分，从而保证植物的正常生长发育活动。现在对待植物根系的收集方法大多采用根钻法，但其误差过大采集困难，缺少统一采集标准，研究发现采集方法和研究区域的选择对其均有影响，这也可能导致以上结果。

物种α多样性作为典型草原生态系统的一个重要指标，可以直接体现植物群落的复杂程度，可以展现植物群落的结构特征、生长环境、生长发展阶段，也可以反映出当生境改变时植物群落产生的响应和变化，在保持草原生态系统稳定性和持续性发挥着至关重要的作用。在本节中，降水减少会使 Margalef 指数、Shannon-Wiener 多样性指数、Pielou 指数和 Simpson 指数减少，这说明随着降水的减少，群落内的物种种类减少，植物群落的多样性减少，复杂程度变小，均匀度变小，群落多样性越匮乏，生态系越不稳定。但在本试验中增加降水会导致 Shannon-Wiener 多样性指数、Pielou 指数和 Simpson 指数均减少，这与张嘉玉等①在研究宁夏沙芦草群落分类及群落特征时发现降水变化与之呈显著负相关一致。在本试验中，降水的增加会导致某些特定的物种增加，致使其他物种的生活环境遭到挤压，物种多样性减少最终导致植物群落的多样性减少，复杂程度变小，均匀度变小。

降水变化改变草原群落生产力大小，在降水处理下群落生物量与群落α多样性指数呈正相关，通过两者的关系拟合图以及回归分析可以看出，Margalef 物种丰富度对其解释力最强，呈显著正相关，这说明随着植物群落中物种数目的增加，群落生产力也会增加；反之，当降水减少时，群落物种丰富度减小导致群落植物生物量降低，这与郭亚飞②在荒漠草原的研究结果一致。可能是由于降水的增加使得水分胁迫作用对植物的影响减弱，降水还能够提高各种草原类型的群落植物的光合速率，使植物生物量增加；减少降水会导致水分胁迫作用加剧从而使土壤有效含水量降低，进而影响群落植物对水分和营养物质的吸收利用受到抑制使得植物生长发育速率减慢甚至停滞，进而导致群落物种多样性降低生物量减少。Shannon-Wiener 多样性指数也可以成为物种生物量的解释模型，生物量与 Shannon-Wiener 多样性指数呈显著正相关，当典型草原植物群落受到干旱胁迫时，水分胁迫使得群落中物种数减少，群落物种组成降低导致 Shannon-Wiener 多样性指数，生物量减少。

水分变化可以直接影响植物的生长状况，对植物群落产生影响导致优势种植物产生变化，从而对不同的环境做不同的适应策略，导致植物群落结构发生变化。在减水处理中，星毛委陵菜和白莲蒿的生物量减少，生长发育被水分胁迫作用影响，但长芒草的生物量增加。造成这种变化的原因可能是长芒草植株的根系发达，须根分布广泛，根长和根面积指

① 张嘉玉，李小伟，刘万弟，等．宁夏沙芦草群落分类及群落特征与环境关系的研究［J］．草地学报，2023，31（2）：498-509.

② 郭亚飞．控制降水下荒漠草原植物群落多样性与生产力的关系研究［D］．兰州：西北师范大学，2022.

标较星毛委陵菜和白莲蒿更大，致使长芒草更有种间竞争优势，即使降水有所减少，其也可以依靠发达的根系汲取水分生长发育。水分减少后，星毛委陵菜和白莲蒿的生物量因水分供给降低而下降，植物群落内生存空间变大，种间竞争压力变小，更加加大了长芒草的生存空间，使其生物量增加。

植物功能群是对生存环境有相同响应和主要生长发育过程中有相似作用的植物物种组合，是研究植物生存环境变化的基本单位。以功能群为基础的研究方法有利于探究群落物种分布格局和物种种类对生存环境干扰因素的响应。植物功能群的生产力和多样性状况是评估典型草原群落的重要指标，体现草原生态系统平衡和持续发展的能力。在本节中，增加降水会使禾本科植物生物量增加，豆科和杂类草和豆科的生物量降低，这与李瑞超①在研究降水变化对短花针茅植物群落时的结果一致，说明典型草原降水增加可以促进禾本科植物，抑制豆科和杂类草的生长发育。由于样地内的禾本科植物均为须根系，根系分布发达广泛吸水能力较其他直根系较强，当水分胁迫缓解后其会大幅度争抢水资源从而增加自身生物量，致使其他生物功能群生存环境遭到压迫生物量减少，再者由于禾本科植物营养繁殖能力、再生能力和抗干扰能力强，其在种间竞争更有优势。植物功能群 α 多样性能够直接反映出物种种类的丰富程度和植物功能群落与环境的关系，表征由功能群落等级而引起的多样性程度和群落优势分化程度。本节结果显示，降水变化可以使禾本科功能群落的 α 多样性指数减少，并与 Simpson 优势度指数呈显著相关（$P<0.05$）；豆科功能群落降水增加可以增加其 α 多样性指数，与 Pielou 均匀度指数呈显著相关（$P<0.05$）。

生态位宽度用来测定物种在植物群落中的功能作用以及度量种群对资源和环境利用能力的指标，一般用来评价物种对生活环境的利用情况，物种的生态位宽度越大，便代表其更能适应当前生活环境。在本试验中，在减水处理中银灰旋花的生态位宽度远大于其他物种，而白莲蒿的生态位宽度远小于其他物种处于主要位置，这说明在干旱胁迫下银灰旋花会更适应其生活环境，而白莲蒿不适应干旱环境，可能会随着群落演替而减少甚至灭亡；增水处理中星毛委陵菜、锦鸡儿和长芒草生态位宽度大于其他物种并处于主要位置，而银灰旋花生态位宽度小于其他物种且其生态位宽度在增水处理远小于减水处理组，说明星毛委陵菜、锦鸡儿和长芒草更能适应增水下的生境，银灰旋花对降水变化十分敏感，降水的增多会使其竞争力降低，使其逐渐减少后最终可能会被群落淘汰。与对照组比较不难发现，降水变化会导致资源环境差异从而影响物种在整个生物群落的地位。生态位重叠说明了物种种间对生态环境中资源的共享和利用能力交叉重叠的程度，反映群落中种间的共存方式。生态位重叠指数较小时，代表种间有相似的生态学特征，或对其资源的利用需求有一定的互补性，在同等资源的情况下，物种间生态位重叠值越高越有利于物种共存。增水区糙隐子草的重叠度高，说明在增水区糙隐子草与其他各物种间所占用的环境资源高度重

① 李瑞超．降水季节分配对短花针茅荒漠草原植物群落特征的影响［D］．呼和浩特：内蒙古农业大学，2022.

叠，而减水区锦鸡儿与其他各物种间所占用的环境资源重叠度高，当资源产生变化时种群结构和组成发生变化的可能性也会增大。

群落相似性系数表示样地间的物种组成或相似群落间的物种组成的一致性程度，也可以表明群落间异质性。本节结果表明，增水区与对照组的群落相似度最为接近。植物群落的稳定性可以反映种间竞争和群落抵抗环境变化的能力，一般以植物群落变异系数的倒数（ICV）表示，水分增多可以使水分胁迫作用降低，从而让群落更稳定。但是在本节中，增加降水均会使植物群落稳定性降低，这与张斌[①]在研究降水对内蒙古温带草原时的结果不一致。他认为，增加降水可以促进物种稳定性与物种异步性从而使群落稳定性增加。他还发现降水可以通过影响多年生禾草稳定性间接地促进群落稳定性。本节内容显示，禾草虽然随着降水量的增加而增加，除了长芒草外其他均为一年生禾草，碳储存能力较多年生禾草弱，有较弱的生产力，当环境变化时其受到的波动和影响较大较不稳定。减水处理会导致物种多样性降低从而导致植物群落稳定性下降。在本试验中减水处理后群落稳定性显著下降，也证实了这一观点。

① 张斌．降水和草地利用方式变化对内蒙古温带草原生产力及稳定性的影响［D］．呼和浩特：内蒙古大学，2022.

第二章　围封对草原植物特征的影响

草原生态系统是人类社会赖以生存的天然屏障，不仅关乎人类生存，也为畜牧业的发展提供了重要的生产基地。草原在保持生物多样性方面发挥着重要作用，在生态文明建设背景下，国家和地方普遍实施退耕还草、封育禁牧等工程。近年来，草原生态系统承受着巨大的压力，从而导致草原潜在生产力降低现象愈加严重，进而破坏了草原生态系统的天然防护功能，危害生态安全。随着国家对生态文明的号召，各种恢复草原生态系统的方法应运而生，其中应用最广的当属围栏封育，由于其简单好操作、见效快，受到各地的欢迎。但是关于围栏封育到底是该完全禁牧还是适度禁牧、围封年限应该如何把握、不同生境围栏封育效果如何等问题也接踵而来，本节将从围封年限与围封恢复入手，验证其对草原植物特征的影响。

第一节　围封年限对荒漠草原植物特征的影响

荒漠草原是重要的放牧畜牧业基地，也是我国北方重要的生态安全屏障。荒漠草原处在降水少蒸发高及土壤贫瘠的区域，导致荒漠草原植物群落结构和物种组成较为简单，生态系统稳定性、抗干扰性及承受性较差，使其成为典型的生态脆弱区。虽然近年在荒漠草原实施草原飞播补播、人工草地补播建植、围栏封育、轮牧和刈割等恢复措施，使得退化荒漠草原情况有所好转，但如何实现荒漠草原的可持续发展仍是生态学研究的热点问题之一。人为措施是加快生态恢复必不可少的手段，其中，围栏封育因其成本低廉、简便易行而被广泛应用于退化草地修复工程中。围封可以在一定程度上促进退化草地生态系统的恢复，但围封年限的差异可能会产生与其相悖的结论。因此，研究分析不同围封年限对植物群落的群落特征、多样性、生态位等的影响，探究围栏封育后围栏内外植物特征与规律具有重要意义。

一、研究方法

（一）研究内容

通过对3种不同围封年限荒漠草原（围封10年样地1、围封22年样地2和围封1年样地3）围栏内和围栏外放牧草地的植物特征进行野外调查和室内实验，分析围封后围栏内外植被的差异，揭示围封对荒漠草原的植被特征的影响机制。研究包括：（1）不同围封年限下，围栏内外植物群落特征的变化；（2）不同围封年限下，围栏内外物种生态位变化；（3）围封 10 年，围栏内外植物群落优势种空间分布格局变化。

（二）数据处理与统计

1. 重要值计算

物种重要值计算方法如下：

物种重要值（IV）=（相对密度+相对高度+相对生物量）÷3　　(2-1)

相对密度=某个种的密度/所有种的密度×100%　　(2-2)

相对高度=某个种的平均高度/所有种的平均高度和×100%　　(2-3)

相对生物量=某个种的生物量/所有种的总生物量×100%　　(2-4)

2. 多样性指数计算

物种多样性指数计算公式如下：

Shannon-Wiener 物种多样性指数：

$$H = -\sum_{I=1}^{S} P_i \ln P_i \tag{2-5}$$

Simpson 物种优势度指数：

$$D = 1 - \sum_{I=1}^{S} P_I^2 \tag{2-6}$$

Pielou 物种均匀度指数：

$$J = H/\ln S \tag{2-7}$$

Margalef 物种丰富度指数：

$$R = (S - 1)/\ln N \tag{2-8}$$

式（2-5）中，H 表示 Shanno-Wiener 多样性指数，S 表示样方内物种总数量，P_i 表示第 i 个物种的个体数 N_i 占总个体数 N 的比例，$P_i = N_i/N$，其中，N 表示样方内全部物种个体总数；式（2-6）中，D 表示 Simpson 优势度指数；式（2-7）中，J 表示 Pielou 均匀度指数；式（2-8）中，R 表示 Margalef 物种丰富度指数。

3. 生态位宽度的测定

生态位宽度的测定采用经 Corwdl 修正的 Levins 公式：

$$B_i = \frac{1}{r\sum_{j=1}^{r}(p_{ij})^2} \tag{2-9}$$

式（2-9）中，B_i 为物种 i 的生态位宽度，代表第 i 个物种在第 j 个资源梯度上的重要值占该物种在所有资源梯度上的重要值的总和的比值，r 代表划分的资源梯度数量，式中 $p_{ij} = n_{ij}/N_{ij}$，代表物种 i 在第 j 个资源梯度上的重要值占该物种所有资源梯度重要值总和的比例。

二、不同围封年限对荒漠草原群落数量特征的影响

（一）围封 1 年对荒漠草原群落数量特征的影响

如表 2-1 所示，围封 1 年后，围栏内生物量、密度、盖度和高度较围栏外极显著增加（P<0. 01），增长量分别为 44. 0%、55. 2%、21. 6%和 80. 0%。

表 2-1　围封 1 年对荒漠草原群落特征的影响

数量特征指标	围栏内	围栏外	显著性 P
生物量（g）	239. 52±46. 86	166. 30±30. 94	P<0. 01
密度	718. 17±180. 00	462. 75±83. 35	P<0. 01
盖度（%）	56. 25±6. 44	46. 25±10. 47	P<0. 01
高度（cm）	9. 13±1. 42	5. 07±0. 97	P<0. 01

（二）围封 10 年对荒漠草原群落数量特征的影响

如表 2-2 所示，围封 10 年后，围栏内生物量、密度、盖度和高度较围栏外极显著增加（P<0. 01），增长量分别为 47%、35. 3%、95%和 68%。

表 2-2　围封 10 年对荒漠草原群落特征的影响

数量特征指标	围栏内	围栏外	显著性 P
生物量（g）	56. 59±15. 24	38. 41±11. 84	P<0. 01
密度	69. 33±23. 80	51. 25±18. 02	P<0. 01
盖度（%）	20. 67±7. 06	10. 58±2. 43	P<0. 01
高度（cm）	12. 11±2. 19	7. 27±1. 72	P<0. 01

（三）围封 22 年对荒漠草原群落数量特征的影响

如表 2-3 所示，围封 22 年后，围栏内生物量和盖度较围栏外极显著增加（P<0. 01），增长量分别为 154%和 293%，围栏内密度较围栏外极显著减少（P<0. 01），减少量为 45%，围栏内高度较围栏外显著增加（P<0. 05），增加量为 55%。

表 2-3　围封 22 年对荒漠草原群落特征的影响

数量特征指标	围栏内	围栏外	显著性 P
生物量（g）	168. 63±31. 26	66. 08±3. 69	P<0. 01
密度	83. 50±31. 85	120. 00±37. 80	P<0. 01
盖度（%）	64. 33±8. 25	16. 33±3. 35	P<0. 01
高度（cm）	16. 68±2. 45	10. 79±2. 20	P<0. 05

（四）不同围封年限对荒漠草原群落特征影响差异比较

各围封年限围栏内外生物量、密度、盖度和高度呈现显著或极显著差异，围栏内密度

较围栏外增加程度最大，围封 1 年围栏内高度较围栏外增加程度最大。围封 22 年围栏内盖度较围栏外增加程度最大，围封 22 年后围栏内生物量较围栏外增加程度最大。围封 1 年后密度和高度增加程度最大。原因：围封 1 年样地围栏内外均为一年生、二年生草本在群落中占优势，围栏内隔绝家畜干扰，群落密度和高度较围栏外差异显著。围封 10 年与围封 22 年相比，围封 10 年围栏内密度增加程度更大，围封 22 年围栏内盖度增加更大，围封 10 年围栏内高度增加更大，围封 22 年围栏内生物量增加更大，围封 22 年后，围栏内有大量枯落物堆积，使围栏内盖度和生物量增加明显，限制植物正常生长，使密度显著减少。综合来看，围封 10 年后，围栏内群落特征较围栏外提高最为明显。

三、不同围封年限对荒漠草原围栏内外物种多样性的影响

（一）不同围封年限对围栏内外物种多样性的影响

如图 2-1A 所示，围封 1 年后，围栏内物种多样性较围栏外差异不显著，围栏内 Shannon-Wiener 多样性指数、Simpson 优势度指数和 Pielou 均匀度指数较围栏外分别降低 6.5%、8.9%和 10.7%，Margalef 丰富度指数较围栏外极显著增加 13.0%（$P<0.01$）。围封 1 年极显著增加了 Margalef 丰富度。

如图 2-1B 所示，围封 10 年后，围栏内群落物种多样性指数较围栏外差异显著，具体来看，围栏内 Shannon-Wiener 多样性指数、Simpson 优势度指数、Pielou 均匀度指数和 Margalef 多样性指数较围栏外分别显著降低了 14.1%（$P<0.01$）、9.4%（$P<0.05$）、9.6%（$P<0.05$）和 17.6%（$P<0.01$）。总体来看，围封 10 年显著降低群落物种多样性。

如图 2-1C 所示，围封 22 年后，围栏内群落多样性指数较围栏外差异显著，具体来看，围栏内 Shannon-Wiener 多样性指数、Simpson 优势度指数、Pielou 均匀度指数和 Margalef 多样性指数较围栏外分别显著增加了 28.2%（$P<0.01$）、19.7%（$P<0.01$）、51.7%（$P<0.05$）和 41.7%（$P<0.001$）。总体来看，围封 22 年显著增加群落物种多样性。

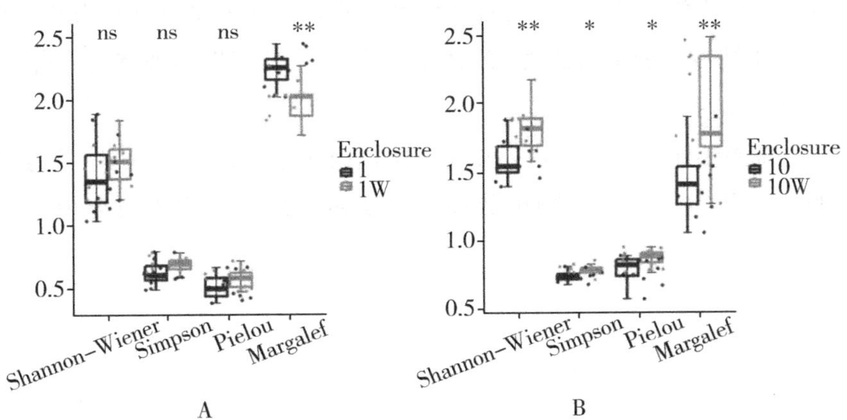

A　　B

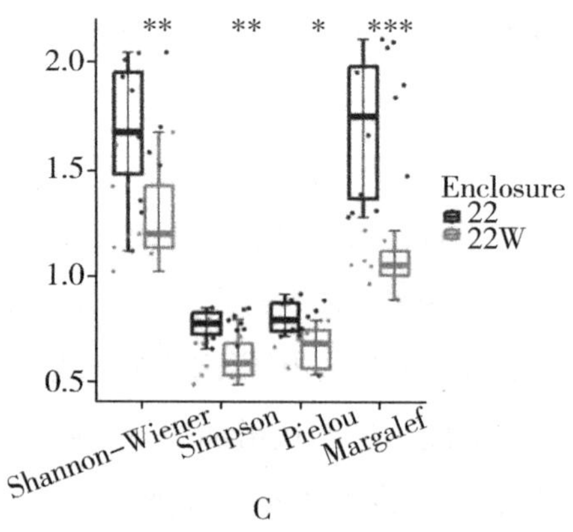

C

图 2-1 围封对植被物种多样性指数的影响

注：ns 表示在 95%水平无显著差异（P>0. 05），* 表示在 95%水平有显著差异（P<0. 05），** 表示在 99%有极显著差异（P<0. 01），*** 表示在 99. 9%水平有极显著差异（P<0. 001），下同。

（二）不同围封年限围栏内外物种多样性差异比较

围封 1 年，围栏内物种多样性较围栏外下降，但无显著差异；围封 10 年后，围栏内物种多样性较围栏外显著下降，且下降幅度增加；围封 22 年后，围栏内物种多样性较围栏外有显著增加。这表明围封 22 年，对围栏内生物多样性提高效果更为显著。

四、不同围封年限对荒漠草原物种重要值的影响

（一）围封 1 年对荒漠草原群落物种重要值的影响

如表 2-4 所示，围封 1 年研究区内共出现物种 34 种。围栏内有 31 种，物种生活型为多年生的有 14 种，一年生、二年生的有 13 种，灌木有 4 种。围栏外有 29 种，物种生活型为多年生的有 12 种，一年生、二年生的有 14 种，灌木有 3 种。

围栏内各物种重要值介于 0. 0020~0. 2661，优势种为画眉草、虎尾草和狗尾草，其重要值分别为 0. 2661、0. 2343 和 0. 0523；多年生物种重要值占比为 21. 3%，一年生、二年生物种重要值占比为 75. 9%，灌木重要值占比为 2. 8%。围栏外各物种重要值介于 0. 0012~0. 2683，优势种为虎尾草、画眉草和短花针茅，其重要值分别为 0. 2683、0. 2645 和 0. 0778；多年生物种重要值占比为 23. 1%，一年生、二年生物种重要值占比为 75. 3%，灌木物种重要值占比为 1. 6%。

由此可知，围封 1 年后，与围栏外相比，围栏内多年生物种数增多，但多年生物种重要值占比降低，一年生、二年生物种数和重要值占比增加，灌木重要值占比和种数都增加。

表 2-4　围封 1 年对物种重要值的影响

生活型	种名	重要值	
		1 年围栏内	1 年围栏外
多年生	短花针茅	0. 0481	0. 0778
	寸草	0. 0227	0. 0314
	砂引草	0. 0149	0. 0229
	蒙古韭	0. 0303	0. 0157
	紫筒草	0. 0118	0. 0151
	冰草	0. 0174	0. 0174
	灯芯草	0. 0172	0. 0120
	米口袋	0. 0168	0. 0150
	草木樨状黄芪	0. 0102	0. 0149
	糙隐子草	0. 0125	0. 0008
	细叶葱	0. 0020	0. 0050
	远志	0. 0043	—
	天门冬	0.　0022	—
	北芸香	0.　0025	—
	银灰旋花	—	0. 0027
一年生、二年生	画眉草	0.　2661	0. 2646
	虎尾草	0.　2343	0. 2683
	狗尾草	0.　0523	0. 0610
	地锦	0.　0270	0. 0440
	蒙古虫实	0.　0504	0. 0306
	虱子草	0.　0272	0. 0248
	蒺藜	0.　0249	0. 0283
	尖头叶藜	0. 0287	0. 0045
	猪毛菜	0. 0174	0. 0084
	黄花蒿	0. 0082	0. 0075
	刺藜	0. 0143	—
	雾冰藜	0. 0056	0. 0055
	猪毛蒿	0. 0028	0. 0027
	点地梅	—	0. 0014

续表

生活型	种名	重要值	
		1 年围栏内	1 年围栏外
灌木	西伯利亚滨藜	—	0.0018
	狭叶锦鸡儿	0.0134	0.0112
	猫头刺	0.0060	0.0035
	兴安胡枝子	0.0042	0.0012
	茵陈蒿	0.0044	—

（二）围封 10 年对荒漠草原群落物种重要值的影响

如表 2-5 所示，围封 10 年研究区内共出现物种 23 种。围栏内有 17 种，物种生活型为多年生的有 7 种，一年生、二年生的有 8 种，灌木有 2 种。围栏外有 22 种，物种生活型为多年生的有 13 种，一年生、二年生的有 7 种，灌木有 3 种。

围栏内各物种重要值介于 0.0050~0.2274，优势种为糙隐子草、银灰旋花和蒺藜，其重要值分别为 0.2274、0.1341 和 0.1241；多年生物种重要值占比为 69.5%，一年生、二年生物种重要值占比为 17.1%，灌木重要值占比 13.4%。围栏外各物种重要值介于 0.0036~0.3390，优势种为短花针茅、糙隐子草和无芒隐子草，其重要值分别为 0.3390、0.1254 和 0.0900；多年生物种重要值占比 76.0%，一年生、二年生物种重要值占比为 13.8%，灌木重要值占比为 13.2%。

由此可知，围封 10 年后，围栏内物种数较围栏外减少，多年生物种物种数和重要值占比均降低，一年生、二年生物种物种数减少，但重要值占比增加。

表 2-5　围封 10 年对物种重要值的影响

生活型	种名	重要值	
		10 年围栏内	10 年围栏外
多年生	短花针茅	0.1028	0.3390
	糙隐子草	0.2274	0.1254
	银灰旋花	0.1314	0.0518
	寸草	0.0981	0.0073
	无芒隐子草	—	0.0900
	天门冬	0.0394	0.0477
	蒙古韭	0.0327	0.0269
	碱韭	0.0221	0.0253
	北芸香	0.0136	0.0172
	鸦葱	0.0230	—

续表

生活型	种名	重要值	
		10 年围栏内	10 年围栏外
多年生	细叶韭	0.0050	0.0163
	冬青叶兔唇花	—	0.0066
	刺旋花	—	0.0065
一年生、二年生	蒺藜	0.1241	0.0604
	画眉草	0.0166	0.0273
	稗草	0.0192	0.0117
	栉叶蒿	—	0.0195
	猪毛菜	0.0102	0.0066
	狗尾草	—	0.0085
	鹤虱	—	0.0036
灌木	狭叶锦鸡儿	0.0928	0.0470
	草麻黄	0.0289	0.0503
	木地肤	0.0126	0.0049

（三）围封 22 年对荒漠草原群落物种重要值的影响

如表 2-6 所示，围封 22 年研究区内共出现物种 19 种，围栏内有 17 种，物种生活型为多年生的有 11 种，一年生、二年生的有 5 种，灌木有 1 种。围栏外有 11 种，物种生活型为多年生的有 7 种，一年生、二年生的有 2 种，灌木有 2 种。

围栏内各物种重要值介于 0.0072~0.2834，优势种为无芒隐子草、画眉草与碱韭，其重要值分别为 0.2834、0.1254 和 0.0942；多年生物种重要值占比为 70.7%，一年生、二年生物种重要值占比为 19.9%，灌木重要值占比为 9.4%。围栏外各物种重要值介于 0.0081~0.3973，优势种为栉叶蒿、短花针茅和碱韭，其重要值分别为 0.3973、0.1212 和 0.1191；多年生物种重要值占比为 51.5%，一年生、二年生物种重要值占比为 40.6%，灌木物种重要值占比为 7.9%。

由此可知，围封 22 年后，围栏内物种数增加，多年生物种数和重要值占比均增加，一年生、二年生物种数增加重要值占比降低，群落优势种较围栏外发生显著变化。

表 2-6 围封 22 年对物种重要值的影响

生活型	种名	重要值	
		22 年围栏内	22 年围栏外
多年生	无芒隐子草	0. 2834	0. 1149
	碱韭	0. 0942	0. 1191
	短花针茅	0. 0790	0. 1212
	银灰旋花	0. 0830	0. 1095
	寸草	0. 0661	0. 0239
	细叶韭	0. 0302	0. 0186
	糙隐子草	0. 0315	—
	细叶苔	0. 0138	—
	鸦葱	0. 0135	—
	乳白黄芪	—	—
	野韭	0. 0072	0. 0081
	老鹳草	0. 0055	—
一年生、二年生	栉叶蒿	0. 0354	—
	画眉草	0. 1254	0. 3973
	猪毛菜	0. 0199	—
	鹤虱	0. 0109	0. 0086
	狗尾草	0. 0074	—
灌木	狭叶锦鸡儿	0. 0936	0. 0706
	木地肤	—	0. 0081

（四）不同围封年限围栏内外物种重要值差异比较

围封 1 年后，围栏内外同一生活型重要值占比差别不大，均为一年生、二年生物种重要值占比最大，群落优势种未发生明显变化。围封 10 年后，围栏内多年生物种重要值占比下降，一年生、二年生物种重要值占比升高。围封 22 年后，围栏内外同一生活型重要值占比差别发生较大变化，多年生物种重要值占比增加，一年生、二年生物种重要值占比减少。不同围封年限之间相比较，围封 10 年后，围栏内物种数较围栏外减少，且多年生物种重要值占比下降；围封 22 年后，围栏内物种数较围栏外增加，且多年生物种在群落中优势度显著提高。由此可知，在围封 22 年后，围栏内群落差异最为显著，群落物种改善最为显著。

五、不同围封年限对荒漠草原群落物种生态位的影响

（一）围封1年对荒漠草原群落物种生态位的影响

如表2-7所示，围栏内生态位宽度较大物种分别为短花针茅、画眉草、虎尾草、蒙古虫实，其生态位宽度分别为11.43、11.26、10.61和10.35。由此可知，围栏内多年生禾本科物种短花针茅和一年生、二年生虎尾草及蒙古虫和灌木画眉草对资源的竞争能力较强。围栏外生态位宽度较大物种分别为画眉草、短花针茅、虎尾草及地锦，其生态位宽度分别为11.36、11.04、11.02和10.27。由此可知，围栏外一年生、二年生虎尾草、灌木画眉草及地锦和多年生物种短花针茅对资源竞争能力较强。围封后，围栏内物种生态位宽度较围栏外增加的有18种物种，分别为短花针茅、冰草、糙隐子草、蒙古韭、远志、灯芯草、狗尾草、虱子草、蒺藜、蒙古虫实、猪毛菜、尖头叶藜、刺藜、黄花蒿、狭叶锦鸡儿、兴安胡枝子、猫头刺、茵陈蒿。

表2-7 围封1年对物种生态位宽度的影响

生活型	科名	种名	生态位宽度	
			1年围栏内	1年围栏外
多年生	禾本科	短花针茅	11.43	11.04
	禾本科	冰草	3.70	2.58
	禾本科	糙隐子草	5.04	1.00
	石蒜科	蒙古韭	10.00	4.44
	石蒜科	细叶葱	1.00	1.00
	豆科	米口袋	6.55	7.12
	豆科	草木樨状黄芪	6.33	6.80
	紫草科	紫筒草	6.07	6.53
	紫草科	砂引草	1.55	1.89
	莎草科	寸草	2.96	4.47
	远志科	远志	1.98	—
	芸香科	北芸香	1.00	1.00
	天门冬科	天门冬	1.00	1.00
	旋花科	银灰旋花	—	1.00
	灯芯草科	灯芯草	2.58	1.00

续表

生活型	科名	种名	生态位宽度	
			1 年围栏内	1 年围栏外
一年生、二年生	禾本科	虎尾草	10. 61	11. 02
	禾本科	狗尾草	9. 61	8. 61
	禾本科	虱子草	8. 50	7. 28
	苋科	蒺藜	9. 63	7. 78
	苋科	蒙古虫实	10. 35	6. 94
	苋科	猪毛菜	5. 56	2. 39
	苋科	尖头叶藜	4. 56	1. 40
	苋科	雾冰藜	1. 99	1. 99
灌木	苋科	刺藜	3. 23	—
	苋科	西伯利亚滨藜	—	1. 00
	菊科	黄花蒿	3. 80	3. 03
	菊科	猪毛蒿	1. 00	1. 00
	禾本科	画眉草	11. 26	11. 36
	葡萄科	地锦	9. 27	10. 27
	报春花科	点地梅	—	1. 00
	豆科	狭叶锦鸡儿	3. 98	3. 17
	豆科	兴安胡枝子	2. 37	1. 93
	豆科	猫头刺	1. 99	1. 87
	菊科	茵陈蒿	1. 00	—

（二）围封10年对荒漠草原群落物种生态位的影响

如表2-8所示，围栏内生态位宽度较大物种分别为糙隐子草、天门冬、寸草及蒺藜，其生态位宽度分别为10. 03、6. 76、6. 66和6. 61。由此可知，围栏内多年生禾本科植物糙隐子草，天门冬科植物天门冬及莎草科植物寸草和蒺藜科植物蒺藜在群落中对资源竞争能力较强。围栏外生态位宽度较大物种分别为短花针茅、蒺藜、糙隐子草及天门冬，其生态位宽度分别为10. 81、8. 82、8. 68和7. 48。由此可知，围栏外多年生禾本科植物短花针茅和糙隐子草，天门冬科植物天门冬及一年生、二年生蒺藜科植物蒺藜在群落中对资源竞争能力较强。围封后，围栏内物种生态位宽度较围栏外增加的有9种植物，分别为糙隐子草、碱韭、蒙古韭、银灰旋花、寸草、鸦葱、稗、猪毛菜和木地肤。

表 2-8 围封 10 年对物种生态位宽度的影响

生活型	科名	种名	生态位宽度	
			10 年围栏内	10 年围栏外
多年生	禾本科	糙隐子草	10. 03	8. 68
	禾本科	短花针茅	6. 46	10. 81
	禾本科	无芒隐子草	—	5. 06
	石蒜科	碱韭	2. 96	2. 25
	石蒜科	细叶韭	1. 00	2. 98
	石蒜科	蒙古韭	6. 07	5. 48
	旋花科	银灰旋花	6. 12	4. 28
一年生、二年生	旋花科	刺旋花	—	1. 00
	天门冬科	天门冬	6. 76	7. 48
	莎草科	寸草	6. 66	1. 00
	菊科	鸦葱	1. 88	—
	芸香科	北芸香	2. 00	3. 64
	唇形科	冬青叶兔唇花	—	1. 99
	禾本科	画眉草	3. 76	5. 83
	禾本科	稗	3. 57	1. 98
	禾本科	狗尾草	—	1. 97
	蒺藜科	蒺藜	6. 61	8. 82
	菊科	栉叶蒿	—	2. 72
灌木	紫草科	鹤虱	—	1. 00
	苋科	猪毛菜	3. 53	1. 86
	豆科	狭叶锦鸡儿	3. 97	4. 77
	麻黄科	草麻黄	3. 14	4. 72
	苋科	木地肤	1. 97	1. 00

（三）围封 22 年对荒漠草原群落物种生态位的影响

如表 2-9 所示，围栏内生态位宽度较大物种分别为无芒隐子草、碱韭、野韭和短花针茅，其生态位宽度分别为 9. 06、8. 11、8. 11 和 7. 70。由此可知，围栏内多年生禾本科植物无芒隐子草、短花针茅和石蒜科植物碱韭、野韭在群落中对资源的竞争能力较强。围栏外生态位宽度较大物种分布为短花针茅、银灰旋花、栉叶蒿和碱韭，其生态位宽度分别为 8. 75、7. 73、7. 71 和 7. 67。由此可知，围栏外多年生禾本科短花针茅和石蒜科碱韭及一年生、二年生菊科栉叶蒿和旋花科银灰旋花在群落中对资源竞争能力较强。围封后，围栏内物种生态位宽度较围栏外增加的有 15 种物种，分别为无芒隐子草、糙隐子草、碱韭、野韭、细叶韭、寸草、细叶薹、天门冬、老鹳草、鸦葱、画眉草、狗尾草、鹤虱、猪毛菜和狭叶锦鸡儿。

表 2-9　围封 22 年对物种生态位宽度的影响

生活型	科名	种名	生态位宽度	
			22 年围栏内	22 年围栏外
多年生	禾本科	无芒隐子草	9.06	6.45
	禾本科	短花针茅	7.70	8.75
	禾本科	糙隐子草	1.98	—
	石蒜科	碱韭	8.11	7.67
	石蒜科	野韭	8.11	—
	石蒜科	细叶韭	3.38	1.98
	莎草科	寸草	5.69	1.97
一年生、二年生	莎草科	细叶薹	2.65	—
	旋花科	银灰旋花	7.60	7.73
	天门冬科	天门冬	1.98	—
	豆科	乳白黄芪	—	1.96
	牻牛儿苗科	老鹳草	1.47	—
	菊科	鸦葱	1.0	—
	禾本科	画眉草	6.11	—
	禾本科	狗尾草	1.00	—
	菊科	栉叶蒿	4.34	7.71
灌木	紫草科	鹤虱	2.00	—
	苋科	猪毛菜	3.56	1.85
	豆科	狭叶锦鸡儿	6.63	—
	苋科	木地肤	—	—

第二节　围封对典型草原植物特征的影响

草原围封是退化草原生态恢复的主要技术手段之一，它将草原的若干个小区域围封起来禁止放牧和人类活动，从而使退化草原得到自然恢复。围封对退化草原的植被生态恢复和重建具有积极影响，可促进草原高质量发展，主要表现在被围封后的退化草原物种多样性、生产力水平均得到明显提高。因此，关于围封方面的研究，已经成为草原植被可持续利用、环境学以及生态学等相关领域关注的热点问题。

一、研究方法

（一）试验设计

试验以长期围封和自由放牧的羊草和大针茅典型草原作为研究对象，于植物生长旺盛期，分别随机选取地势平坦、植被均一的长期围封样地和围栏外长期自由放牧样地进行群落调查和土样采集，每个样地随机设置 10 个 10m×10m 的小区，共计 40 个小区，小区间隔大于 5m。

（二）数据处理与统计

1. 物种重要值和优势度计算

$$IV=RD+RF+RH+RC \tag{2-10}$$

$$DS=IV\div4\times100 \tag{2-11}$$

其中，IV 是物种的重要值；RD 为相对密度，相对密度=各类物种植株数量÷所有物种植株数量；RF 为相对频度，相对频度=各类物种出现的样地数÷样地总数；RH 为相对高度，各类物种平均高度÷所有物种的平均高度之和；RC 为相对盖度，各类物种的平均盖度/所有物种的平均盖度之和；DS 为物种的优势度。

2. α 多样性计算

α 多样性分析采用 Magarlef 丰富度指数（$M\alpha$）、Shannon-Wiener 多样性指数（H）、Pielou 均匀度指数（J）进行多样性分析，计算公式如下：

Magarlef 丰富度指数：

$$M\alpha=(S-I)\div LnN \tag{2-12}$$

Shannon-Wiener 多样性指数：

$$H=-\sum_{I=1}^{S}P_i\ln P_i \tag{2-13}$$

Pielou 均匀度指数：

$$J=H\div\ln S \tag{2-14}$$

其中，S 为样方中的物种数，P_i 为第 i 种植物的个体数占群落中总个体数的相对重要值［（相对密度+相对高度+相对频度+相对盖度）÷4］，N 为所有物种的个体数之和。

3. 数据统计分析

本节数据分析方法：运用 Microsoft Excel 整理和计算数据，采用独立样本 T 检验法检验植物群落特征、生物量、相关功能群地上生物量等在长期围封和自由放牧间是否有显著性差异。采用双因素方差分析，将群落类型和土地利用方式作为主效应分析植物群落特征、α 多样性指数等相关变量指标的差异。采用三因素方差分析，将群落类型、土地利用方式和土层深度作为主效应分析典型草原相关变量指标的差异。采用 Pearson 相关系数评价植物群落特征、生产力在长期围封和自由放牧处理下的关系。采用 SPSS 26.0 软件对已测定的数据进行分析，采用 Origin 2019 软件绘图，差异水平定义为 $P<0.05$。

二、围封对两种草原植物群落特征的影响

（一）围封对两种草原植物群落基本特征的影响

围封显著影响羊草草原植物群落的总盖度、平均高度和平均密度（见表 2-10，P<0.05），但对物种数的影响不显著（P>0.05）。与自由放牧相比，围封显著提高了羊草草原植物群落的总盖度、平均高度和平均密度，增幅分别为 72%、328%和 97%（P<0.05）。

围封显著影响大针茅草原植物群落的物种数、总盖度、平均高度和平均密度（见表 2-10，P<0.05）。与自由放牧相比，围封显著增加了大针茅草原植物群落的物种数、总盖度、平均高度和平均密度，增幅分别为 34%、41%、230%和 90%。

表 2-10　围封对两种草原植物群落基本特征的影响

群落特征	羊草草原		大针茅草原	
	围封	放牧	围封	放牧
物种数	9.50±0.56a	8.30±0.45a	6.70±0.52a	5.00±0.39b
总盖度	72.50±1.57a	42.20±1.47b	75.60±1.86a	53.50±2.94b
平均高度	36.74±2.44a	8.59±0.56b	31.66±1.60a	9.59±0.36h
平均密度	692.50±62.17a	351.00±57.41b	618.50±27.23a	325.00±62.22b

注：数值为平均值±标准误；不同的小写字母表示围封和放牧差异显著（P<0.05），下同。

（二）围封对两种草原植物群落物种优势度的影响

与自由放牧相比，围封增加了羊草草原多年生禾草、多年生杂类草、一年生杂类草和莎草的优势度，增幅分别为 77%、166%、68%和 410%（见表 2-11）。在大针茅草原，围封增加了多年生禾草和多年生杂类草的优势度，分别增加了 134%和 165%，对其他功能群的优势度影响较弱。在围封处理下，就多年生禾草功能群而言，羊草草原中羊草、大针茅和羽茅的优势度较大，占多年生禾草总优势度的 79%；在大针茅草原中，羊草和大针茅的优势度较大，占多年生禾草总优势度的 81%。

表 2-11　围封对两种草原植物群落物种优势度的影响

功能群	植物名称	羊草草原		大针茅草原	
		围封	放牧	围封	放牧
多年生禾草	羊草	29.36	12.80	15.36	6.06
	大针茅	15.60	9.35	48.84	21.87
	糙隐子草	9.61	2.44	1.66	4.31
	米氏冰草	6.73	14.21	4.41	—
	羽茅	16.50	1.60	9.22	1.70
	洽草	0.44	—	—	—
	小计	78.25	40.39	79.47	33.93

续表

功能群	植物名称	羊草草原		大针茅草原	
		围封	放牧	围封	放牧
多年生杂类草	细叶葱	1.51	3.97	0.76	—
	二裂委陵菜	1.19	0.09	—	—
	双齿葱	0.15	0.19	—	—
	披针叶黄华	8.19	—	0.89	—
	小计	11.04	4.24	1.65	—
一年生杂类草	猪毛菜	4.49	0.43	1.44	0.60
	轴藜	5.86	1.68	—	—
	灰绿藜	6.61	8.00	2.54	18.54
	小计	16.96	10.10	3.98	19.14
灌木、半灌木	冷蒿	3.22	3.40	4.64	5.20
莎草	黄囊苔草	26.73	9.16	8.47	8.56

（三）围封对两种草原植物群落 α 多样性的影响

围封显著影响羊草草原植物群落的物种丰富度指数（见表 2-12，$P<0.05$），但对均匀度指数和多样性指数影响不显著（$P>0.05$）。与自由放牧相比，围封显著提高了羊草草原植物群落的物种丰富度指数，增幅为 31%（$P<0.05$）。

围封显著影响大针茅草原植物群落的物种丰富度指数和均匀度指数（见表 2-12，$P<0.05$），但对多样性指数影响不显著（$P>0.05$）。与自由放牧相比，围封显著提高了大针茅草原植物群落的丰富度指数，增幅为 63%，显著降低了均匀度指数，降幅为 26%（$P<0.05$）。

表 2-12　围封对两种草原植物群落 α 多样性的影响

α 多样性	羊草草原		大针茅草原	
	围封	放牧	围封	放牧
Shannon-Wiener 指数	1.63±0.07a	1.50±0.04a	1.27±0.15a	1.16±0.07a
Pielou 均匀度指数	0.18±0.0la	0.19±0.0la	0.19±0.01b	0.24+0.02a
Magarlef 丰富度指数	1.48±0.09a	1.13±0.07b	1.03±0.1la	0.63±0.06b

（四）群落类型和管理方式对典型草原植物群落特征的主效应及其交互效应

不同建群种的草原（羊草/大针茅）植物物种数和丰富度指数之间差异极显著（见表 2-13，$P<0.001$），总盖度、多样性指数和均匀度指数之间的差异达到显著水平（$P<0.05$），但两种草原类型的平均高度和平均密度之间差异不显著（$P>0.05$）。不同管理方式（围封/放牧）的草原植物总盖度、平均高度、平均密度和丰富度指数之间差异则极显著（$P<0.001$），物种数和均匀度指数之间的差异达到显著水平（$P<0.05$），但多样性指数之间差异不显著（$P>0.05$）。群落类型和管理方式的交互作用对总盖度、物种数、平均高度、平均密度、丰富度指数、均匀度指数和多样性指数的影响均不显著（P>0.05）。

表 2-13　群落类型（CT）和管理方式（MS）对植物群落特征的主效应及其交互效应的方差分析结果（P 值）

	总盖度 TC	物种数 S	平均高度 AH	平均密度 AD	多样性指数 H	均匀度指数 J	丰富度指数 Ma
群落类型 CT	0.001	<0.001	0.181	0.363	0.001	0.018	<0.001
管理方式 MS	<0.001	0.005	<0.001	<0.001	0.224	0.023	<0.001
群落类型×管理方式 CT×MS	0.053	0.609	0.050	0.661	0.896	0.104	0.772

三、围封对两种草原植物生物量的影响

（一）围封对两种草原植物地上、地下生物量及根冠比的影响

围封显著影响羊草和大针茅草原的地上生物量、地下生物量和根冠比（见表 2-14，P<0.05）。与自由放牧相比，围封显著增加了羊草草原地上和地下生物量，增幅分别为 447%和 46%（P<0.05）。同样，围封显著增加了大针茅草原的地上生物量，增幅为 344%，显著降低了地下生物量，降幅为 64%（P<0.05）。

不同建群种的草原（羊草/大针茅）植物地上生物量之间差异极显著（见表 2-15，P<0.001），地下生物量之间的差异达显著水平（P<0.05），但两种草原类型的根冠比之间差异不显著（P>0.05）。不同管理方式的草原植物地上生物量和根冠比之间差异极显著（P<0.001），但地下生物量之间差异不显著（P>0.05）。群落类型和管理方式交互作用下的草原植物地上生物量之间差异极显著（P<0.05），地下生物量之间的差异达显著水平（P<0.05），但根冠比之间差异不显著（P>0.05）。

表 2-14　围封对两种草原植物地上、地下生物量及根冠比的影响

指标	羊草草原		大针茅草原	
	围封	放牧	围封	放牧
地上生物量	493.09±29.16a	90.07±6.45b	345.18±12.56a	87.76±13.53b
地下生物量	453.18±16.54a	308.93±13.84b	224.81±10.86b	368.54±15.70a
根冠比 BGB/AGB	0.92±0.13b	3.43±0.35a	0.65±0.09b	4.20±0.52a

表 2-15　群落类型（CT）和管理方式（MS）对植物生物量的主效应及其交互效应的方差分析结果（P 值）

	地上生物量 AGB	地下生物量 BGB	根冠比 BGB/AGB
群落类型 CT	<0.001	0.021	0.750
管理方式 MS	<0.00	0.544	<0.00
群落类型×管理方式 CT×MS	<0.001	0.001	0.836

（二）围封对两种草原植物群落相关功能群地上生物量的影响

从植物生活型功能群来看，围封显著影响羊草草原多年生禾草和莎草的地上生物量（见表 2-16，P<0.05），对多年生杂类草、一年生杂类草和灌木、半灌木地上生物量的影响不显著（P>0.05）。与自由放牧相比，围封显著增加了羊草草原多年生禾草和莎草的地上生物量，增幅分别 605%和 167%（P<0.05）。

围封显著影响大针茅草原多年生禾草和一年生杂类草的地上生物量（见表 2-16，P<0.05），对多年生杂类草、灌木、半灌木和莎草地上生物量的影响不显著（P>0.05）。

与自由放牧相比，围封显著增加了大针茅草原多年生禾草的地上生物量，增幅为 417%，显著降低了一年生杂类草的地上生物量，降幅为 47%（P<0.05）。两种类型草原均表现为多年生禾草的地上生物量最高。

表 2-16　围封对两种草原植物群落相关功能群地上生物量的影响（$g \cdot m^2$）

功能群	羊草草原		大针茅草原	
	围封	放牧	围封	放牧
多年生禾草	388.25±17.75a	55.39±8.23b	279.47±33.35a	53.93±21.79b
多年生杂类草	31.04±3.94a	28.24±3.53a	21.65±2.04a	21.03±3.62a
一年生杂类草	18.96±2.69a	16.10±2.17a	13.98±1.29b	19.14±2.34a
灌木、半灌木	6.35±2.01a	6.08±1.54a	10.64±1.33a	10.20±2.42a
莎草	56.47±4.25a	21.16±1.41b	18.25±4.32a	17.37±2.26a

第三章　放牧对草原植物特征的影响

放牧是草地生态系统稳定和平衡的主要干扰因素之一，在干旱、半干旱草原生态系统有许多牧场和天然草场。家畜通过偏食性、粪尿排泄和畜蹄践踏对其群落结构、物种组成和形态特征造成干扰，影响草地生态系统的稳定性和生态平衡。目前，关于放牧对草地生态系统影响机理的研究已成为国内外学者关注的焦点。植物会为了适应环境变化而改变自身的器官形态、生理性状以及数量特征等，所以，植物特征可以很好地指示和预测周围环境所发生的变化，对植物特征的研究已成为阐明植物群落和生态系统对环境变化响应过程的关键途径。

第一节　放牧对荒漠草原植物特征的影响

植物的性状特征与其对环境的适应能力以及生态系统结构与功能有着密切的关系，当外界环境发生改变时，植物性状也会随之做出反应，因此，植物特征可以作为物种和群落对生态系统功能和服务的影响进行预测的重要工具。放牧是草地生态系统中植被变化的主要驱动力。草食动物主要通过采食和践踏作用以及粪便中养分的输入对草地植物的形态和功能进行调控，植物也会权衡资源分配模式和生长策略来应对放牧干扰，植物对环境的适应策略上可以通过植物功能性状如植株高度、叶面积、叶片干物质含量、碳氮磷含量、种子大小等的改变进行体现。植物性状特征的改变反映了植物生长过程中对于环境的适应所进行的不同功能之间的权衡，也是植物在特定环境下采取的生存策略的重要表现。

一、研究方法

在每个样方中，计算每个物种的相对地上生物量，然后确定每个样方的物种多样性。我们使用R（RDevelopmentCoreTeam2022）版本4.0.3中的“Vegan”包，基于物种数量和相对地上生物量计算物种丰富度、Shannon-Wiener 指数、Simpson 指数和 Pielou 指数这些物种多样性指数。利用 22 个植物功能性状计算植物功能多样性。选择功能丰富度（FRic）、功能均匀度（FEve）、功能散度（FDiv）、功能离散度（FDis）和 Rao's 二次熵（Rao'sQ）5 个指数来研究功能多样性的不同组成部分对放牧的响应。群落加权平均性状以及功能多样性指数利用 R 中的“FD”程序包进行计算。

我们使用对数响应比（LRR）比较放牧群落与对照群落的生物量，表征放牧对草地的影响。

放牧响应：

$$LRR = \log\left(\frac{AGB_{control}}{AGB_{grazed}}\right) \tag{3-1}$$

其中，$AGB_{control}$ 为对照样方的地上生物量，AGB_{grazed} 为放牧样方的地上生物量。因此，LRR 值为正值表明放牧减少了群落生物量，LRR 值为负值表明放牧增加了群落生物量。数值越大，放牧影响越大。

根据放牧样地的地上生物量和对照样地的地上生物量，计算放牧群落中每个样方的植物生长量：

$$\text{植物生长量} = (AGB_{grazed} - 0.1) + (0.1 - AGB_{grazed}) \times \frac{\log AGB_{cage} - \log AGB_{grazed}}{\log 0.1 - AGB_{grazed}} \tag{3-2}$$

其中，AGB_{grazed} 是放牧样方的地上生物量，AGB_{cage} 是笼中的地上生物量，0.1 表示放置笼时的现有生物量。

所有统计分析及绘图均在 R×644. 0. 3 中进行。采用独立样本 t 检验来分析放牧对优势种功能性状、物种多样性及功能多样性的影响。使用线性回归模型分析放牧和对照群落放牧响应与群落加权平均性状及生物多样性的关系，以及放牧群落植物生长量与群落加权平均性状及生物多样性的关系，并利用“ggplot2”程序包绘制图片。

二、放牧对物种水平植物功能性状的影响

（一）放牧对优势种植物形态性状的影响

图 3-1 显示了研究区 6 种优势种植物的形态性状对放牧的响应情况。从中可以很明显地看出，除多根葱之外，放牧均显著降低了优势种植物的高度（VH），其中驼绒藜的高度在两个样地间的差异最大（减少 76. 95%，$p<0.001$），多根葱虽然在两个样地间差异不显著（$p>0.05$），但也显现出在放牧影响下降低的趋势（见图 3-1A）。六种优势种植物的叶厚（LT）及叶长（LL）基本上均在放牧下有所降低，但大多数植物的差异并不显著，多根葱的叶厚以及无芒隐子草的叶长在放牧样地中显著低于对照样地（$p<0.01$，$p<0.001$）。除此之外，在放牧地区中，其他植物的叶长与叶厚在两个样地间未表现出明显的差异（$p>0.05$）（见图 3-1B、C）。放牧对优势种植物比叶面积（SLA）的影响如图 3-1D 所示，除无芒隐子草的比叶面积在放牧样地中显著低于对照样地外（$p<0.05$），其他植物的比叶面积在两个样地间均无显著差异（$p>0.05$）。放牧显著提高了藏锦鸡儿的叶片干物质含量（LDMC）（$p<0.05$），而其他植物的叶片干物质含量在两个处理间未表现出显著差异（$p>0.05$）（见图 3-1E）。在对照与放牧下的茎干物质含量（SDMC）比较如图 3-1F 所示，其

中，小针茅和无芒隐子草的茎干物质含量在放牧影响下显著降低（p<0.001，p<0.01），多根葱的茎干物质含量在放牧后显著提高（p<0.01），而藏锦鸡儿、短脚锦鸡儿、驼绒藜三种灌木的茎干物质含量在放牧与围封处理下差异并不显著（p>0.05），说明放牧未引起灌木茎干物质含量的显著变化差异。由于灌木体系的庞大，我们难以对灌木的根性状进行测量，图 3-1G 显示了 3 种优势种草本植物的根干物质含量（RDMC）对放牧的响应，其中放牧均增加了小针茅和多根葱的根干物质含量（p<0.05，p<0.001），但无芒隐子草的根干物质含量在两个样地间无显著差异（p>0.05）。

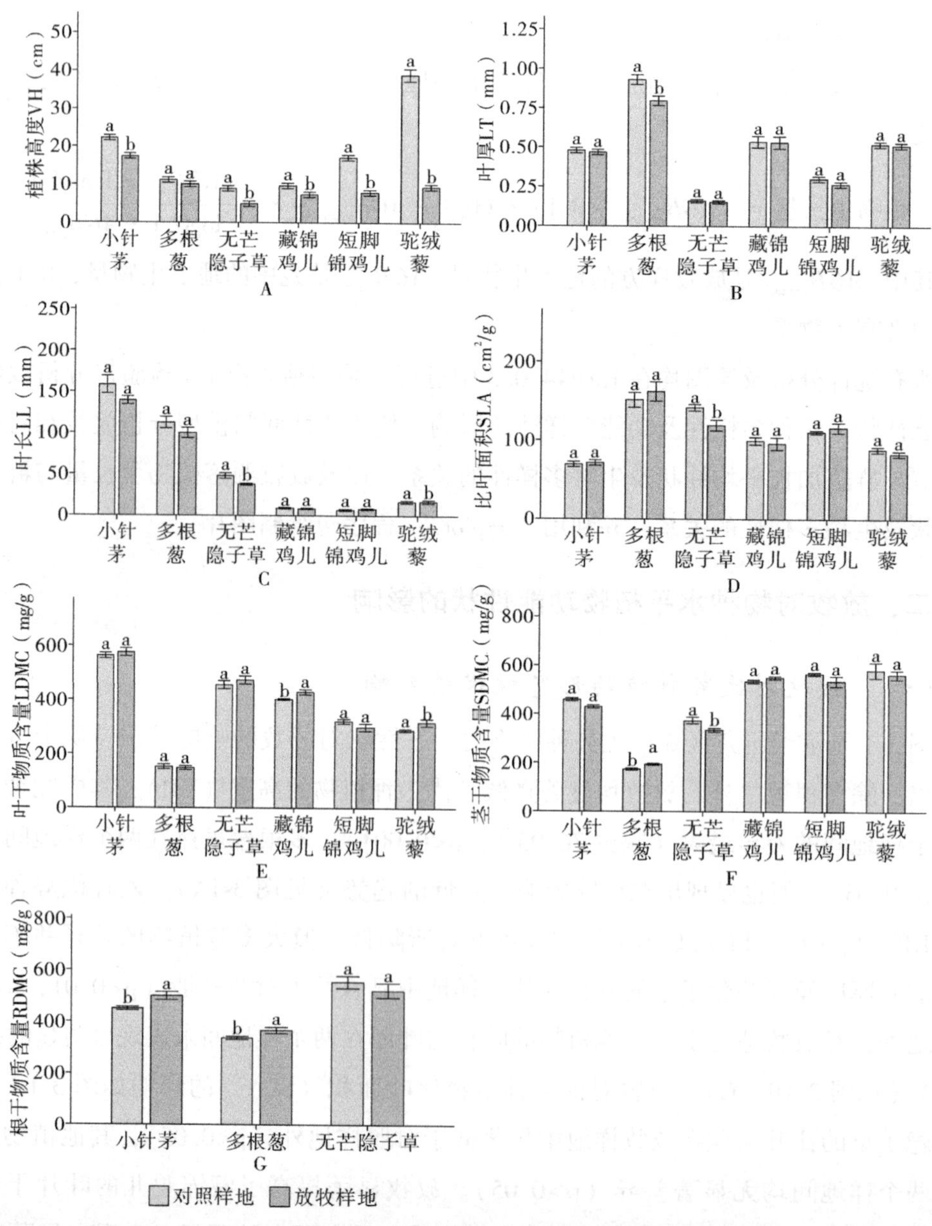

图 3-1 放牧对各优势种植物形态性状的影响

注：不同小写字母表示处理间差异显著（p<0.05）。

（二）放牧对优势种植物元素性状的影响

图 3-2A、B、C 显示了研究地区优势种根、茎、叶的碳含量在放牧与围封处理的差异情况，可以看出，植物中的碳含量对放牧干扰没有特别敏感，6 种植物根、茎、叶的碳含量在放牧与对照样地间均无显著差异（$p>0.05$）。

图 3-2D 反映了放牧对 6 个优势种植物叶氮含量（LNC）的影响，但放牧对不同植物的影响趋势和影响程度都不同，放牧显著降低了小针茅的叶氮含量（$p<0.001$），但是增加了无芒隐子草和短脚锦鸡儿的叶氮含量（$p<0.001$，$p<0.05$），多根葱的叶氮含量在放牧的影响下也有所增加，但是并不显著（$p>0.05$），藏锦鸡儿和驼绒藜的叶氮含量在两个样地间也无显著差异（$p>0.05$）。小针茅和无芒隐子草的茎氮含量（SNC）以及根氮含量（RNC）在放牧的影响下与叶氮含量显示出相同的变化趋势，放牧使得小针茅的茎氮含量和根氮含量降低（$p<0.001$，$p<0.001$），并使无芒隐子草的茎氮含量和根氮含量升高（$p<0.001$，$p<0.05$）（见图 3-2E、F）。多根葱、藏锦鸡儿、短脚锦鸡儿以及驼绒藜的茎氮含量在两个样地间无显著差异（$p>0.05$），多根葱的根氮含量在两个样地间无显著差异（$p>0.05$）。

不同植物的叶磷含量（LPC）对放牧的响应也有所不同，小针茅的叶磷含量在放牧影响下显著升高（$p<0.001$），短脚锦鸡儿的叶磷含量在放牧下显著降低（$p<0.001$），多根葱、无芒隐子草、藏锦鸡儿、驼绒藜的叶磷含量在放牧后没有表现出显著的变化（$p>0.05$）（图 3-2G）。植物茎磷含量（SPC）在放牧与对照样地间的差异情况如图 3-2H 所示，由图可知，小针茅的茎磷含量在放牧样地是显著低于对照样地的（$p<0.001$），这与小针茅叶磷含量的变化刚好相反。对于其他优势植物来说，多根葱、无芒隐子草、藏锦鸡儿、驼绒藜的茎磷含量在放牧作用下有升高的趋势，短脚锦鸡儿茎磷含量在放牧影响下有所降低，但这些差异均不显著（$p>0.05$）。对于根磷含量（RPC）来说，放牧样地小针茅、无芒隐子草均显著低于对照样地（$p<0.001$，$p<0.05$），多根葱的根磷含量在放牧处理下也低于对照样地，但是差异并不显著（$p>0.05$）（见图 3-2I）。

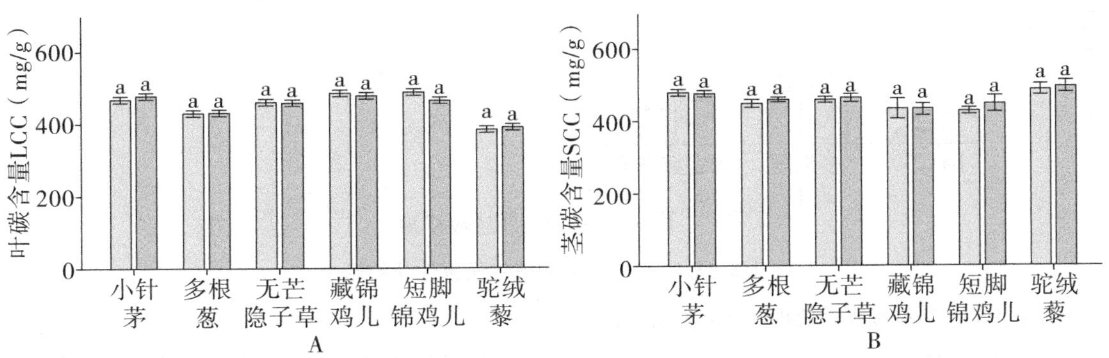

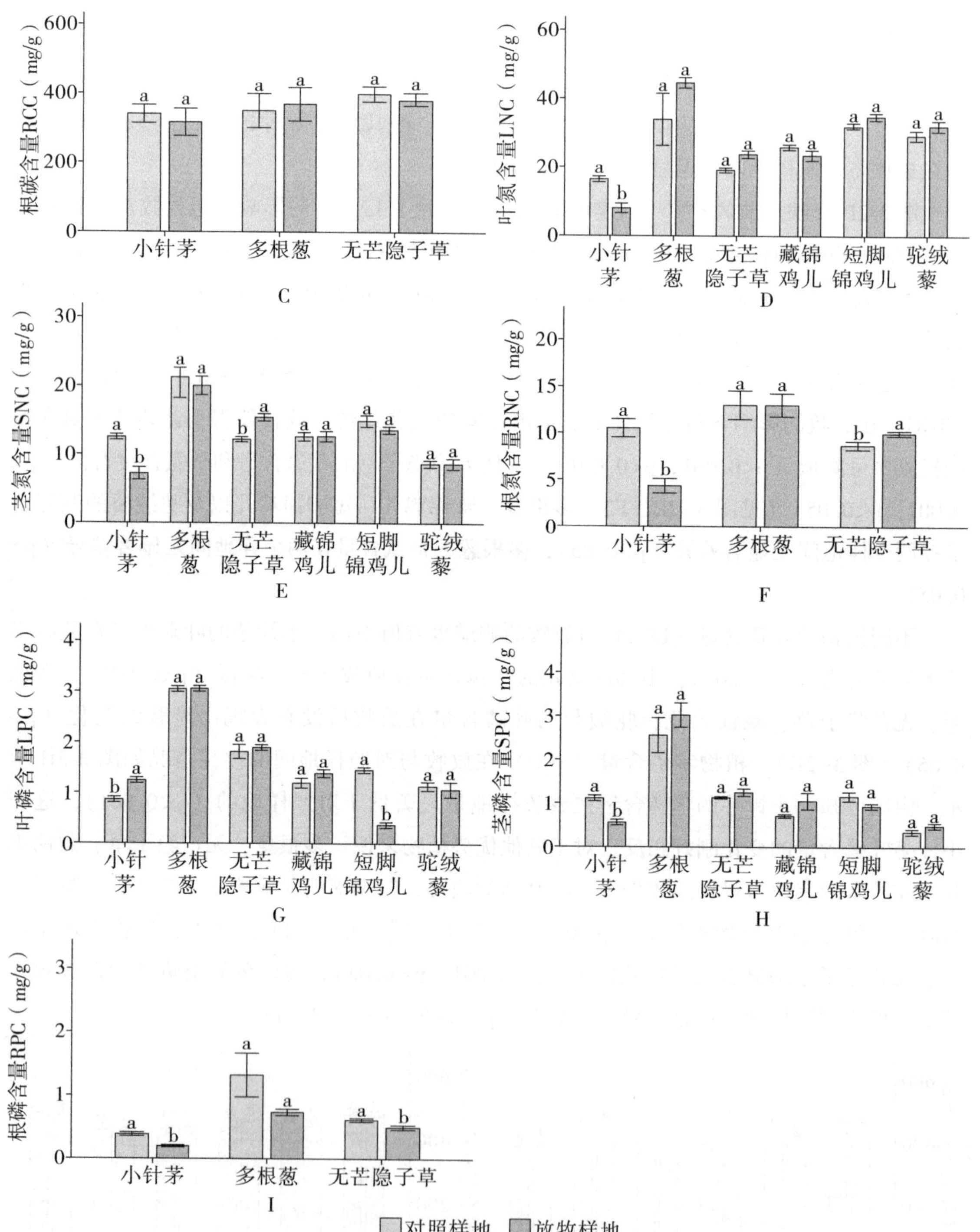

图 3-2　放牧对各优势种植物元素性状的影响

注：不同小写字母表示处理间差异显著（p<0.05）。

6 种优势植物的叶碳氮比（LCNR）在放牧与对照处理下的差异情况如图 3-3A 所示，从中可以看出，小针茅、无芒隐子草、驼绒藜的叶碳氮比在放牧下显著降低（p<0.001，

$p<0.05$，$p<0.05$），短脚锦鸡儿的叶片碳氮比在放牧下显著升高（$p<0.001$），多根葱及藏锦鸡儿的叶碳氮比受放牧影响不大，在两个样地间无显著差异（$p>0.05$）。6 种植物中短脚锦鸡儿的叶碳氮比变化最大，升高 70.20%。不同优势种植物的叶氮磷比（LNPR）对放牧的响应也有所不同，小针茅及藏锦鸡儿的叶片氮磷比在放牧样地显著低于对照样地（$p<0.001$，$p<0.01$），短脚锦鸡儿叶氮磷比在放牧样地显著高于对照样地，且变化幅度很大（升高 77.20%，$p<0.001$），多根葱、无芒隐子草、驼绒藜的叶氮磷比在两个样地间无显著差异（$p>0.05$）（见图 3-3B）。

图 3-3C 反映了植物的茎碳氮比（SCNR）对放牧的响应情况，表明放牧显著增加了小针茅的茎碳氮比（$p<0.05$），显著降低了无芒隐子草的茎碳氮比（$p<0.001$），多根葱、藏锦鸡儿、短脚锦鸡儿、驼绒藜的茎碳氮比在放牧与对照处理间没有表现出显著的变化（$p>0.05$）。植物的茎氮磷比（SNPR）在对放牧的响应如图 3-3D 所示，除驼绒藜的茎氮磷比在放牧后显著降低以外（$p<0.05$），其他优质种植物的茎氮磷比在两个样地间无显著差异（$p>0.05$）。图 3-3E 为 3 种草本优势种植物的根碳氮比（RCNR）对放牧的响应情况，放牧显著增加了小针茅的根碳氮比（对照样地平均值为 32.9，放牧样地平均值为 74.21，$p<0.001$），多根葱及无芒隐子草的根碳氮比在两个样地间无显著差异（$p>0.05$）。多根葱及无芒隐子草的根氮磷比（RNPR）在放牧后显著升高（$p<0.05$，$p<0.01$），而放牧对小针茅的根氮磷比无显著影响（$p>0.05$）（见图 3-3F）。

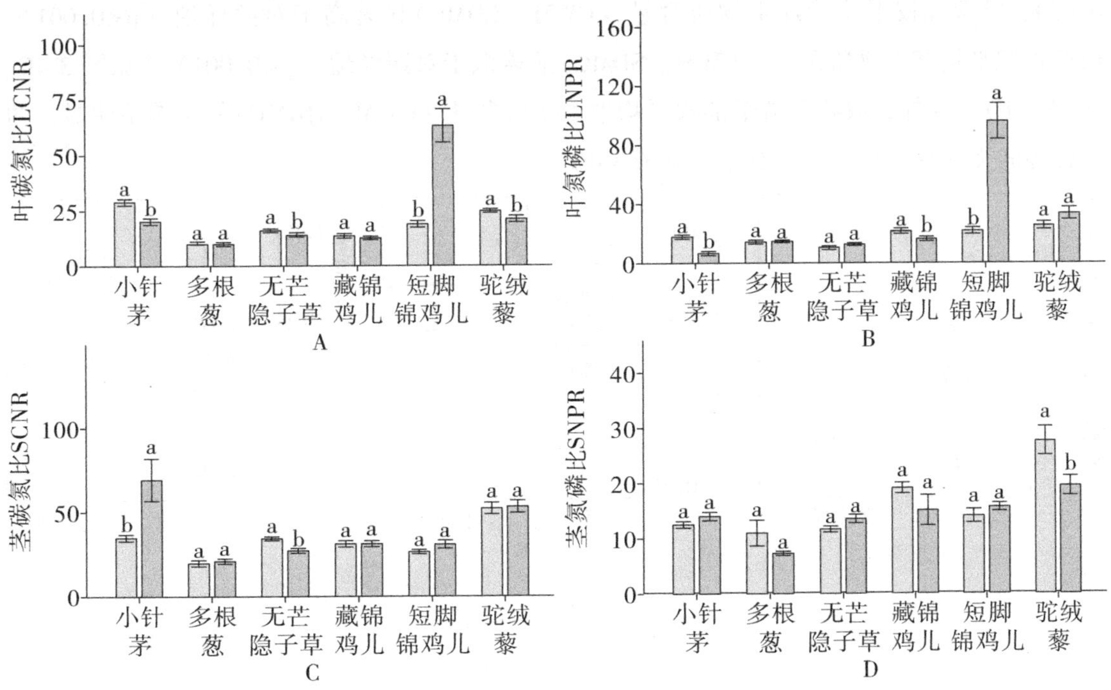

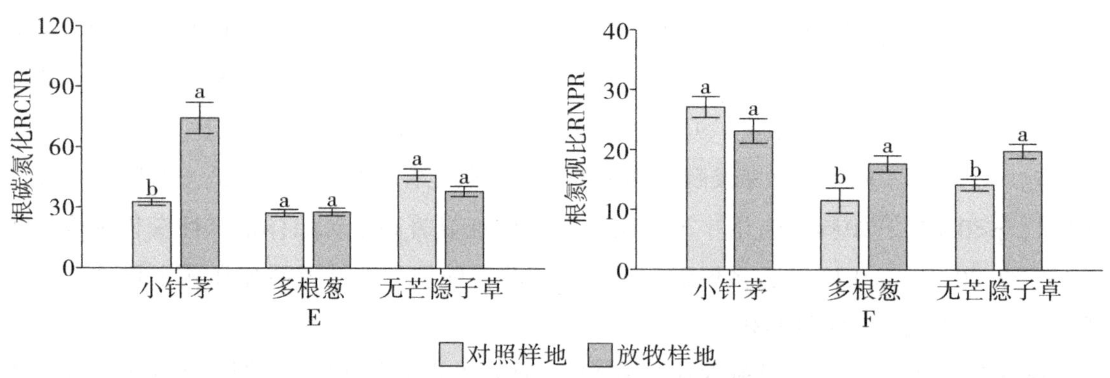

图 3-3　放牧对各优势种植物化学计量比的影响

注：不同小写字母表示处理间差异显著（p<0.05）。

三、放牧对群落水平植物功能性状、地上生物量及生物多样性的影响

（一）放牧对群落水平植物功能性状的影响

放牧对群落水平植物形态性状的影响如图 3-4 所示。群落加权平均高度（CWM_ VH）在放牧影响下显著降低（$p<0.001$）（见图 3-4A）。群落加权平均叶厚（CWM_ LT）在放牧下没有显著变化（$p>0.05$）（见图 3-4B）。放牧样地群落加权平均叶长（CWM_ LL）显著高于对照样地（$p<0.001$），群落加权平均比叶面积（CWM_ SLA）显著低于对照样地（$p<0.05$），群落加权平均叶片干物质含量（CWM_ LDMC）显著高于对照样地（$p<0.001$），群落加权平均茎干物质含量（CWM_ SDMC）显著低于对照样地（$p<0.001$）（见图 3-4C、D、E、F）。此外，放牧对群落加权平均根干物质含量（CWM_ RDMC）的影响不明显，两个样地间无显著差异（$p>0.05$）（见图 3-4G）。

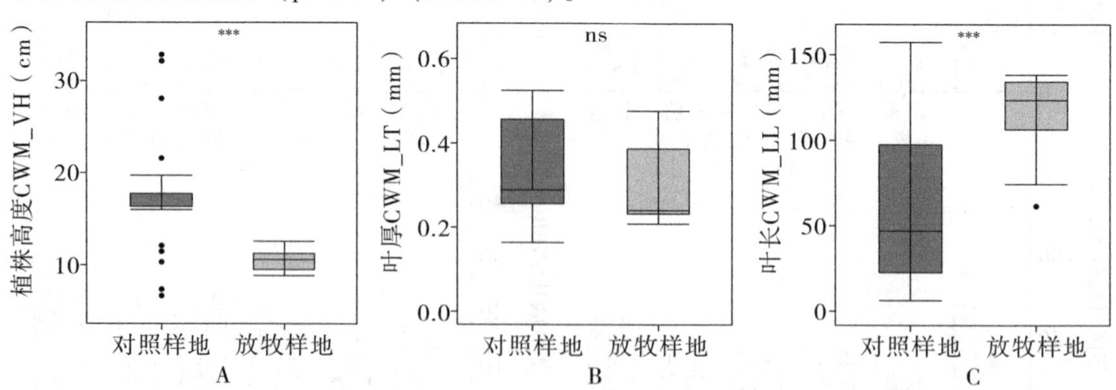

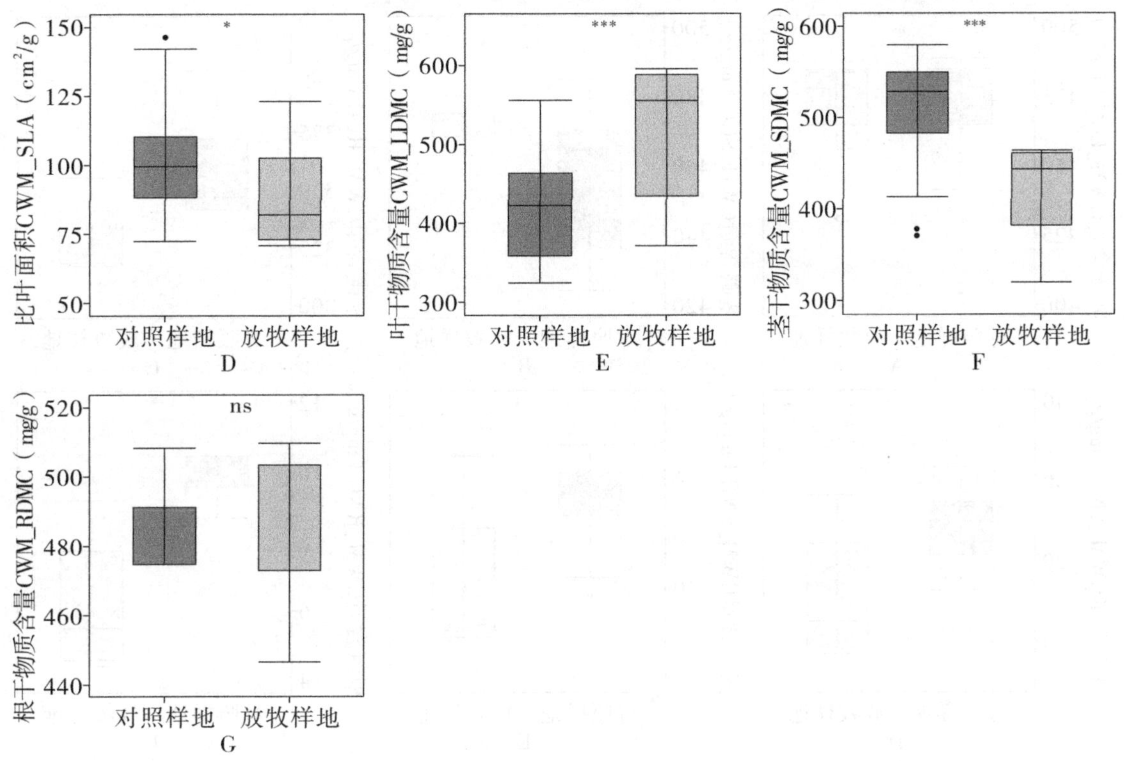

图 3-4　放牧对群落水平植物形态性状的影响

注：***，**和*分别表示 $p<0.001$，$p<0.01$，$p<0.05$；ns 表示差异不显著（$p>0.05$）。

群落水平植物根、茎、叶中的碳氮磷元素含量大部分在放牧样地及对照样地中均有显著性差异。放牧对群落加权平均叶碳含量（CWM_ LCC）的影响不大，两个样地间无显著差异（$p>0.05$）（见图 3-5A）。放牧后群落加权平均茎碳含量（CWM_ SCC）显著增加（$p<0.001$），群落加权平均根碳含量（CWM_ RCC）显著降低（$p<0.001$）（见图 3-5B、C）。群落水平的叶氮含量（CWM_ LNC）、茎氮含量（CWM_ SNC），以及根氮含量（CWM_ RNC）在放牧样地中均显著低于对照样地（$p<0.001$，$p<0.001$，$p<0.001$）（见图 3-5D、E、F）。关于植物的磷含量，放牧样地的群落加权平均叶磷含量（CWM_ LPC）和群落加权平均根磷含量（CWM_ RPC）也都显著低于对照样地（$p<0.001$，$p<0.001$）（见图 3-5G、I），而群落加权平均茎磷含量（CWM_ SPC）在两个样地间无显著差异（$p>0.05$）（见图 3-5H）。

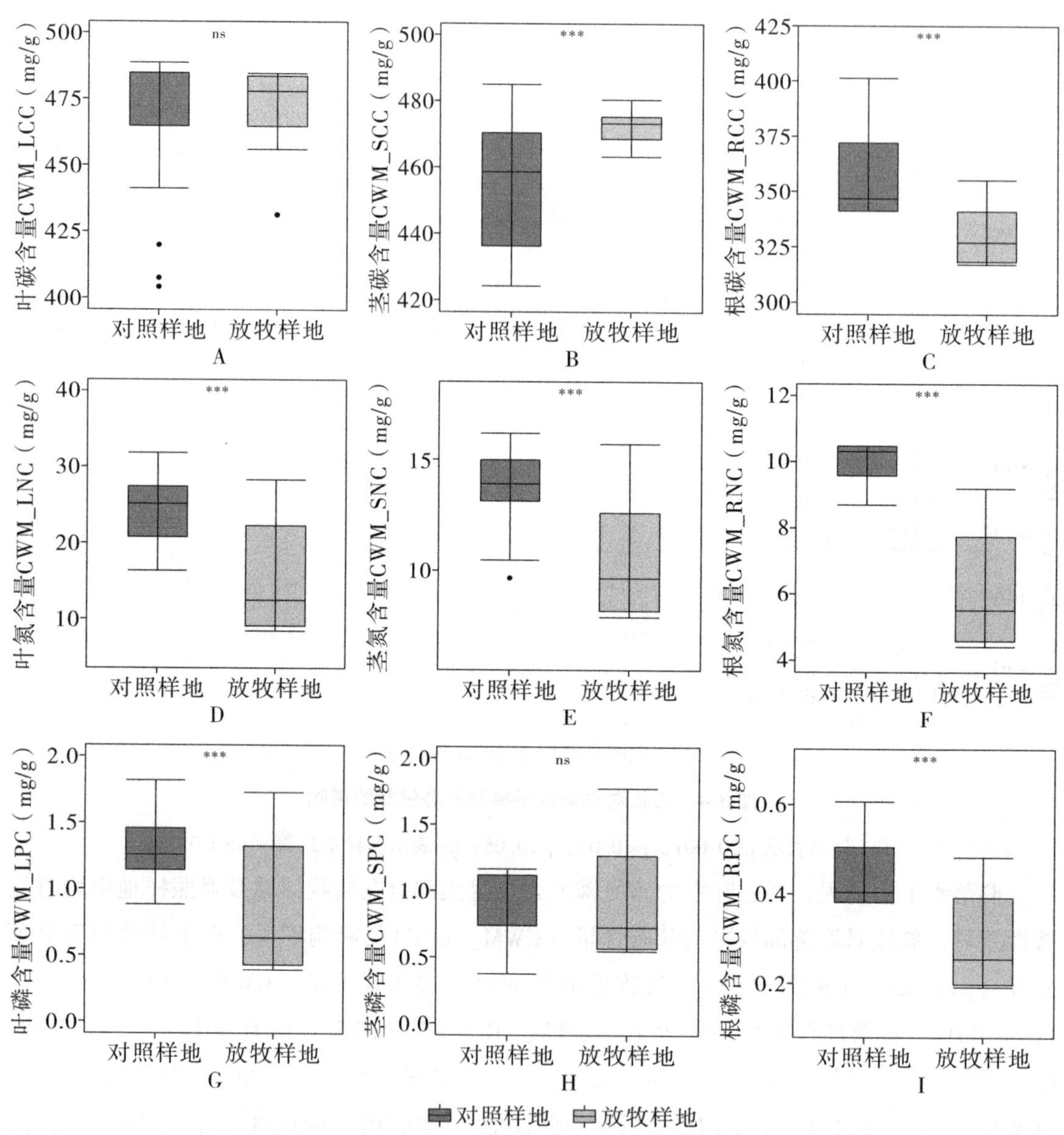

图 3-5　放牧对群落水平植物元素性状的影响

注：*** 表示 $p<0.05$；ns 表示差异不显著（$p>0.05$）。

放牧对群落水平植物碳氮比及氮磷比的影响如图 3-6 所示，在放牧影响下，群落加权平均叶碳氮比（CWM_ LCNR）显著升高（$p<0.001$），群落加权平均茎碳氮比（CWM_ SCNR）显著升高（$p<0.001$），群落加权平均根碳氮比（CWM_ RCNR）显著升高（$p<0.001$）（见图 3-6A、B、C）。植物的氮磷比方面，群落加权平均茎氮磷比（CWM_ SNPR）在放牧后显著降低（$p<0.01$）（见图 3-6E），而群落加权平均叶氮磷比（CWM_ LNPR）与群落加权平均根氮磷比（CWM_ RNPR）在放牧与对照样地间没有显著差异（$p>0.05$）（见图 3-6D、F）。

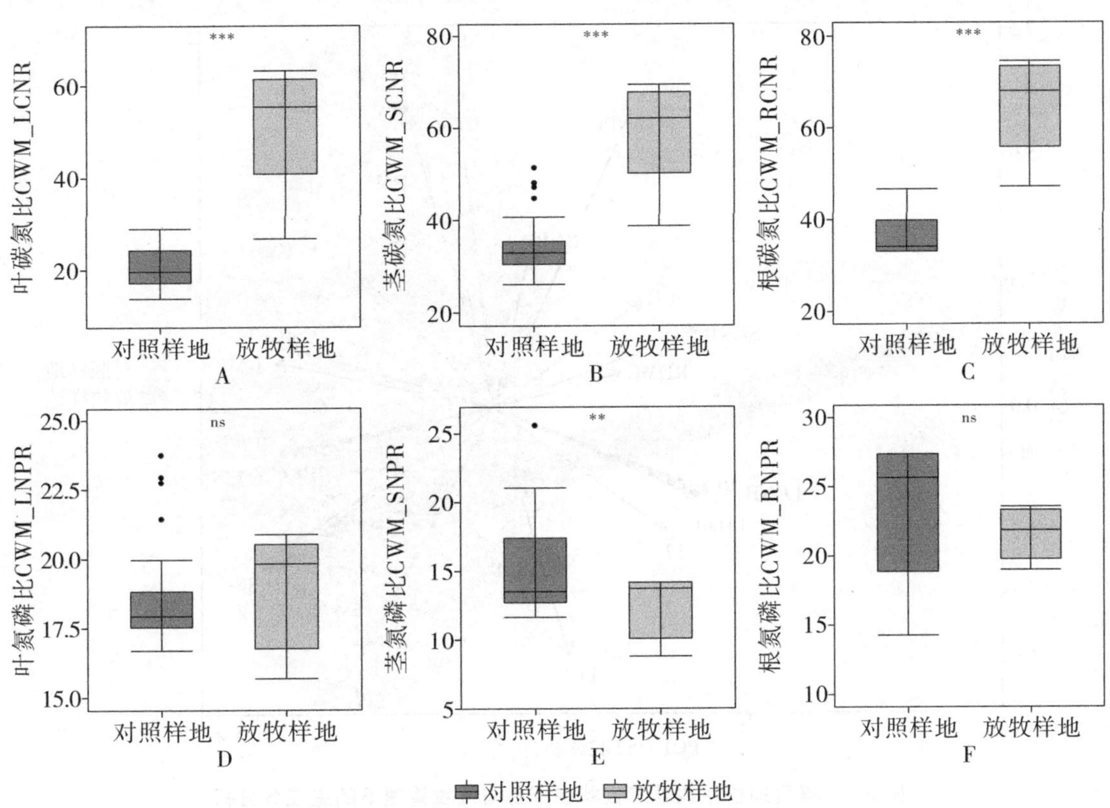

图 3-6　放牧对群落水平植物化学计量比的影响

图 3-7 为群落加权平均功能性状在围封与放牧管理下的主成分分析（PCA）。图中为前两个主成分，共解释了所有变量的 74.95%，其中第一主成分解释了所有变量的 52.42%，与群落水平根、茎、叶的氮、磷含量，根碳含量以及比叶面积呈正相关。与群落水平根、茎、叶的碳氮比，根和叶片的干物质含量，茎碳含量以及叶长呈负相关关系。对照样地在第一轴上的得分相对放牧样地比较高，说明放牧会降低群落植株的氮磷含量、根碳含量及比叶面积，会提高植株的碳氮比、根和叶片的干物质含量、茎碳含量以及叶长。

第二主成分解释了所有变量的 22.53%，与群落水平植物根茎叶的氮磷比、茎干物质含量、株高以及叶厚呈正相关，与叶碳含量负相关，大多数放牧样地的点在横轴下方，得分相对较低，说明放牧会降低植株总体的氮磷比、茎干物质含量、株高及叶厚，提高叶片的碳含量。

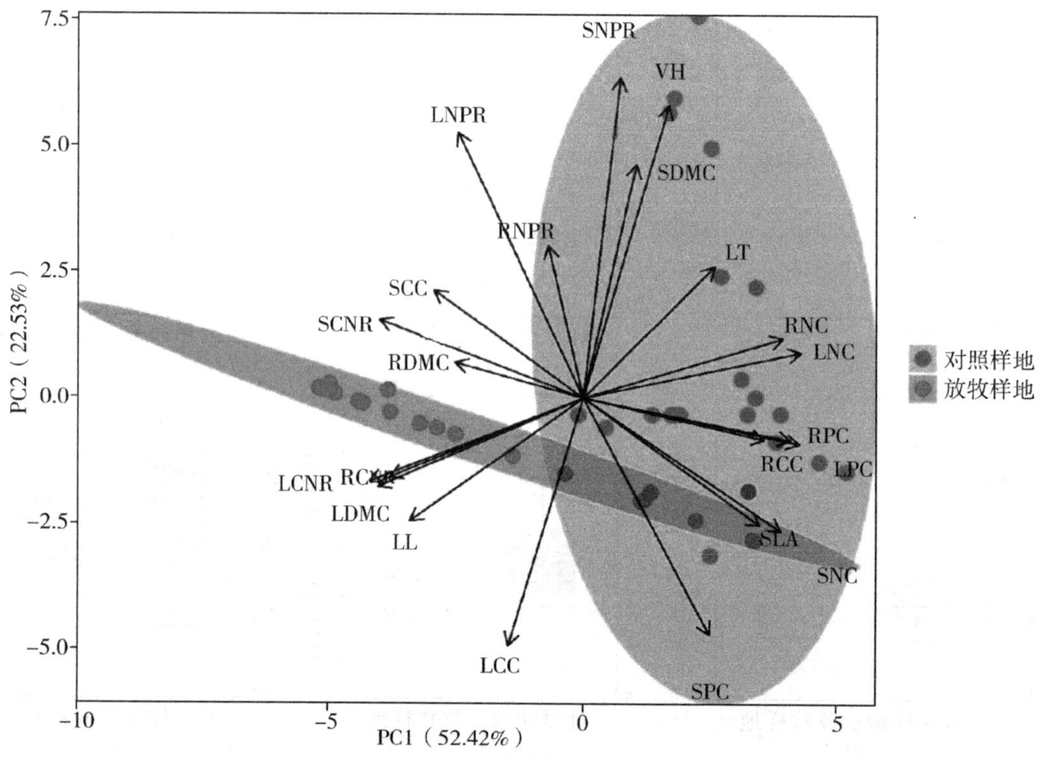

图 3-7　群落加权平均功能性状在围封与放牧管理下的主成分分析

（二）放牧对群落地上生物量的影响

我们比较了放牧与对照样地两种群落的地上生物量，结果如图 3-8 所示，这表明在放牧影响下，群落的地上生物量显著降低（减少 70.07%，$p<0.001$）。

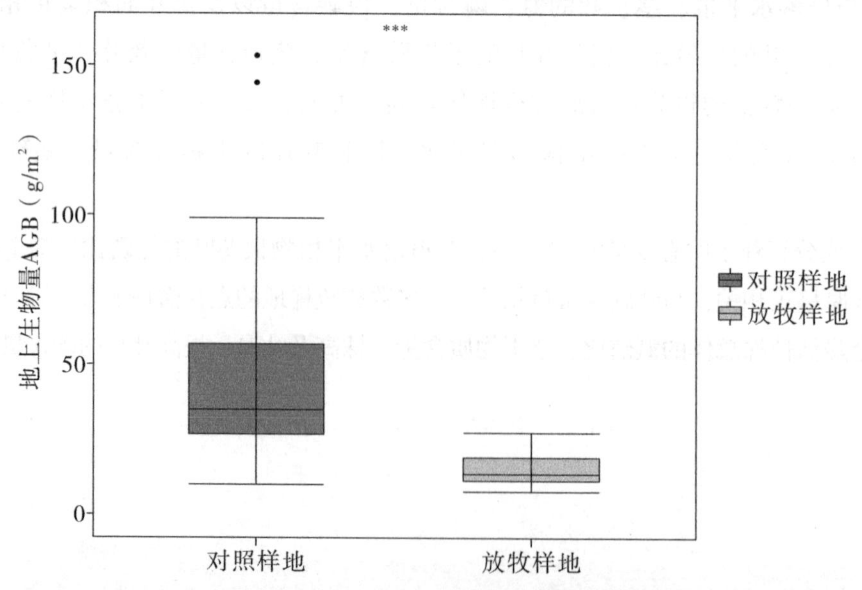

图 3-8　放牧对群落植物地上生物量的影响

注：***，**和*分别表示 $p<0.001$，$p<0.01$，$p<0.05$；ns 表示差异不显著（$p>0.05$）。

（三）放牧对物种多样性的影响

放牧对物种多样性的影响体现在物种丰富度、香浓-维纳多样性指数、辛普森优势度指数及均匀度指数 4 个方面。4 个物种多样性指数在放牧与对照样地间的差异如表 3-1 所示，其中放牧显著增加了物种丰富度指数（$p<0.05$），香浓-维纳多样性指数、辛普森优势度指数及均匀度指数受放牧影响不大，两个样地间无显著差异（$p>0.05$）。

表 3-1　放牧对物种多样性的影响

Plot	物种丰富度	香浓-维纳多样性指数	辛普森优势度指数	均匀度指数
对照样地	4. 58±1. 586a	0. 701±0. 378a	0. 383±0. 208a	0. 493±0. 236a
放牧样地	5. 59±1. 366b	0. 826±0. 378a	0. 430±0. 202a	0. 481±0. 201a
P-value	0. 018	0. 242	0. 419	0. 855

注：表中同列不同小写字母表示处理间差异性显著（$p<0.05$）。

（四）放牧对功能多样性的影响

群落的功能多样性可以用功能丰富度指数、功能均匀度指数、功能趋异度指数、功能离散度指数、Rao 二次熵指数五个指数来衡量，放牧对功能多样性指数的影响如表 3-2 所示。我们可以看出，功能丰富度指数在放牧后显著增加（$p<0.01$），功能均匀度指数在放牧与对照样地中无显著差异（$p>0.05$），功能趋异度指数受放牧影响显著升高（$p<0.05$），功能离散度指数在放牧下显著升高（$p<0.05$），Rao 二次熵指数在放牧后显著升高（$p<0.01$）。

表 3-2　放牧对功能多样性指数的影响

Plot	功能丰富度指数	功能均匀度指数	功能趋异度指数	功能离散度指数	Rao 二次熵指数
对照样地	0. 040±0. 030a	0. 694±0. 238a	0. 748±0. 175a	0. 087±0. 064a	0. 015±0. 012a
放牧样地	0. 088±0. 040b	0. 632±0. 30la	0. 910±0. 061b	0. 150±0. 117b	0. 043±0. 039b
P-value	0. 005	0. 608	0. 025	0. 021	0. 001

注：表中同列不同小写字母表示处理间差异性显著（$p<0.05$）。

四、放牧响应与植物功能性状及多样性的关系

（一）放牧响应与群落水平植物功能性状的关系

我们使用对数响应比（LRR）比较放牧群落与对照群落的地上生物量来量化放牧对草地的影响，即放牧响应，进一步采用线性回归模型来分析放牧响应与群落水平植物形态性状的关系，结果如图 3-9 所示。在放牧群落中放牧响应与我们所测量的所有形态性状均显著相关，而在对照群落中相关性较弱。在放牧样地中，放牧响应与群落水平植株高度呈显著负相关（$p<0.001$），即植株高度越低的群落，受放牧的影响越大。而在对照样地中放牧响应与植株高度的关系并不显著（$p>0.05$）（见图 3-9A）。放牧群落与对照群落中，放

牧响应与群落加权平均叶厚的关系都呈显著正相关（p<0. 001，p<0. 001）（见图 3-9B），与群落加权平均叶叶长都呈显著负相关（p<0. 001，p<0. 01）（见图 3-9C）。放牧群落的放牧响应与群落水平比叶面积呈显著正相关（p<0. 001），它们的关系在对照群落中并不显著（p>0. 05）（见图 3-9D）。

对照样地及放牧样地中群落水平的叶干物质含量与放牧响应均呈显著负相关（p<0. 05，p<0. 001）（见图 3-9E）。群落的茎干物质含量在放牧样地中放牧响应与之呈显著负相关（p<0. 001），在对照样地中，放牧响应与群落加权平均茎干物质含量呈显著正相关（p<0. 01）（见图 3-9F）。放牧样地中放牧响应与群落加权平均根干物质含量呈显著负相关（p<0. 001），在对照样地中放牧响应根干物质含量无显著相关关系（p>0. 05）（见图 3-9G）。

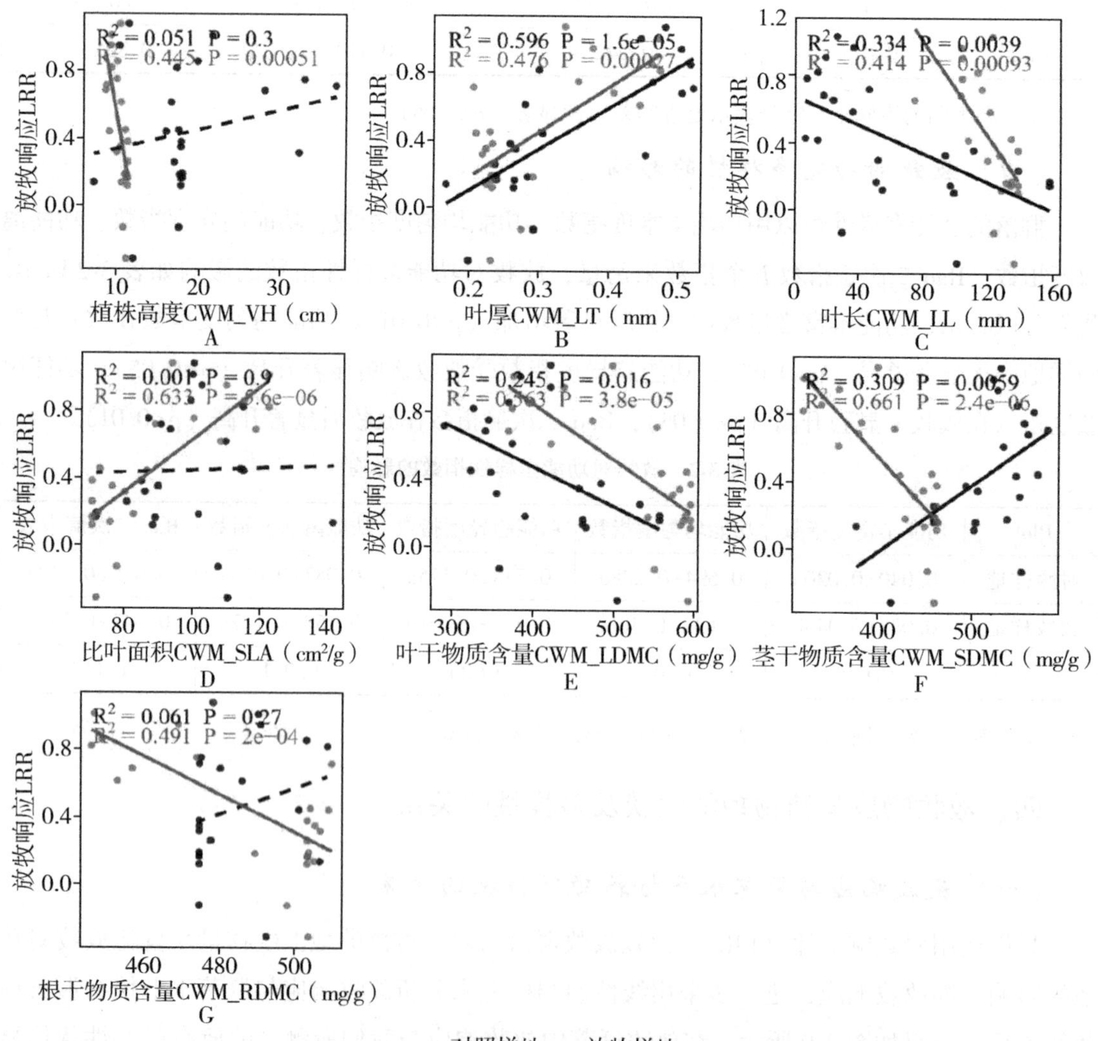

图 3-9　放牧样地及对照样地中放牧响应与群落水平植物形态性状的关系

图 3-10 为放牧响应与群落水平元素含量在放牧与对照样地的相关关系分析。在放牧样地中，放牧响应与群落叶碳含量呈显著负相关（p<0. 001），在对照样地中无显著相关关系

（p>0.05）（见图 3-10A）。同样，放牧响应与群落水平茎碳含量在放牧样地中呈显著负相关（p<0.001），在对照样地中相关关系不显著（p>0.05）（见图 3-10B）。植物的根碳含量在放牧样地中与放牧响应呈显著正相关（p<0.001），在对照样地相关关系不显著（p>0.05，见图 3-10C）。放牧响应与群落加权平均叶氮含量在放牧群落及对照群落中都呈现了显著正相关（p<0.001，p<0.05，见图 3-10D）。放牧响应与群落茎氮含量在放牧样地中呈显著正相关（p<0.001），在对照样地中相关关系不显著（p>0.05，见图 3-10E）。群落根氮含量与放牧响应的关系同样是在放牧样地中呈显著正相关（p<0.001），在对照样地不显著（p>0.05）（见图 3-10F）。关于植物磷含量与放牧响应的关系，在放牧群落中，放牧响应与群落加权平均叶磷含量、群落加权平均茎磷含量及群落加权平均根磷含量都呈显著正相关（p<0.001，p<0.001，p<0.001），而在对照群落中，放牧响应与群落叶磷含量及根磷含量都无显著相关关系，但是与群落茎磷含量呈显著负相关（p>0.05，见图 3-10G、H、F）。

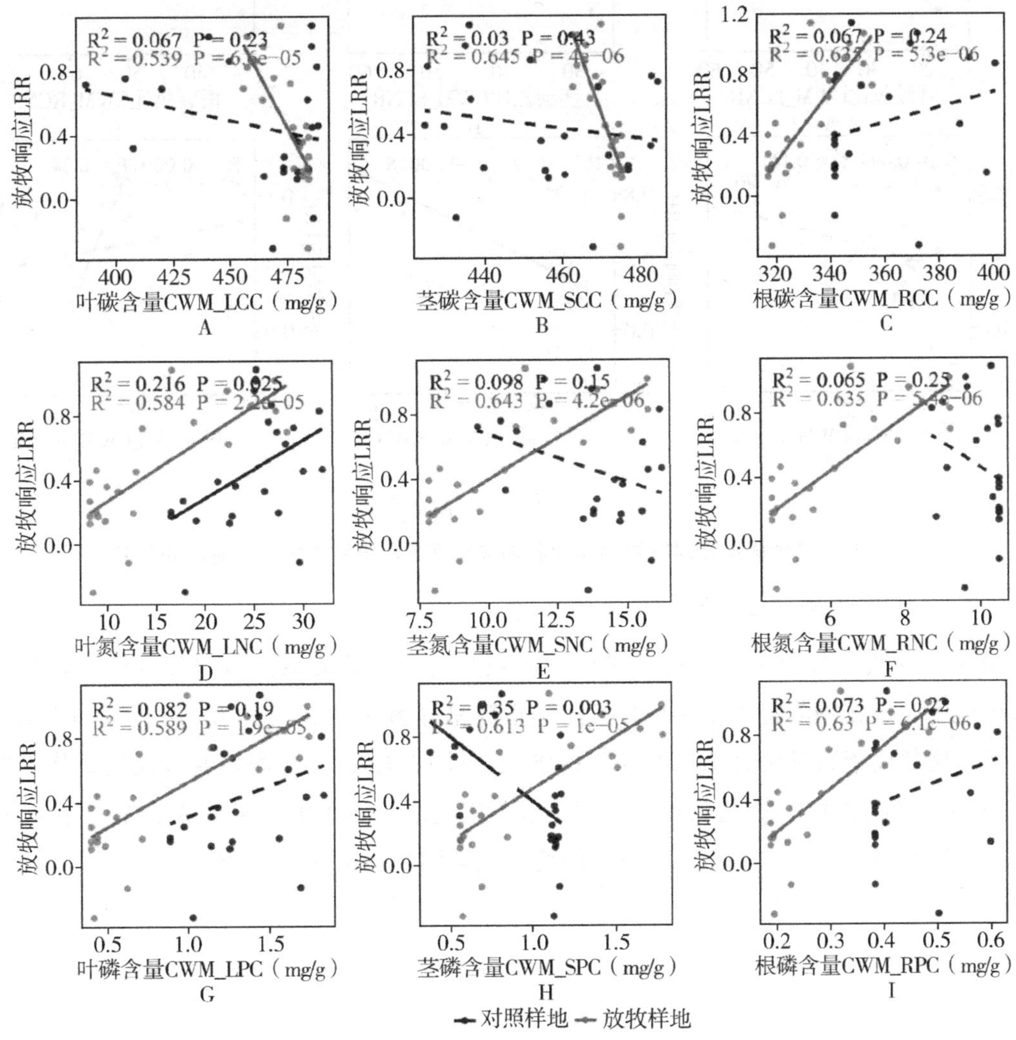

图 3-10　放牧样地及对照样地中放牧响应与群落水平植物元素性状的关系

放牧响应与群落植物化学计量比相关性状的关系如图 3-11 所示。在放牧群落中，放牧响应与群落植物叶碳氮比呈显著负相关（$p<0.001$，见图 3-11A），与群落水平茎碳氮比呈显著负相关（$p<0.001$，图 3-11B），与群落水平根碳氮比呈显著负相关（$p<0.001$，见图 3-11C），与群落水平叶氮磷比呈显著负相关（$p<0.001$，见图 3-11D），与群落水平茎氮磷比呈显著负相关（$p<0.001$，见图 3-11E），与群落水平根氮磷比呈显著负相关（$p<0.001$，见图 3-11F）。在对照群落中，放牧响应与叶碳氮比呈显著负相关关系（$p<0.01$），与茎氮磷比呈显著正相关关系（$p<0.01$），与其余性状均无显著相关性（$p>0.05$）。

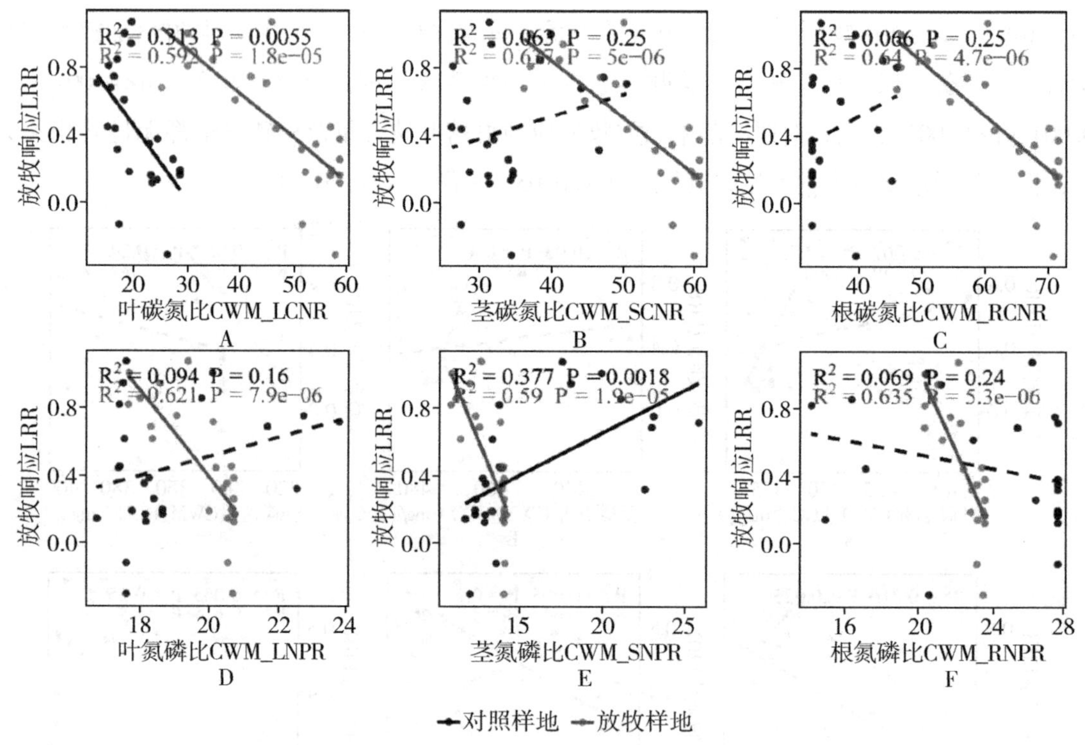

图 3-11 放牧样地及对照样地中放牧响应与群落水平植物化学计量比的关系

（二）放牧响应与物种多样性的关系

图 3-12 呈现了放牧响应与物种多样性指数之间的相关关系，回归分析结果表明，在放牧样地中，放牧响应与香浓-维纳多样性指数呈显著正相关（$p<0.001$，见图 3-12B），与辛普森优势度指数呈显著正相关（$p<0.001$，见图 3-12C），与均匀度指数呈显著正相关（$p<0.001$，见图 3-12D），与物种丰富度无显著相关性（$p>0.05$，见图 3-12A）。在对照样地中，放牧响应与各物种多样性指数之间均无显著相关关系（$p>0.05$）。

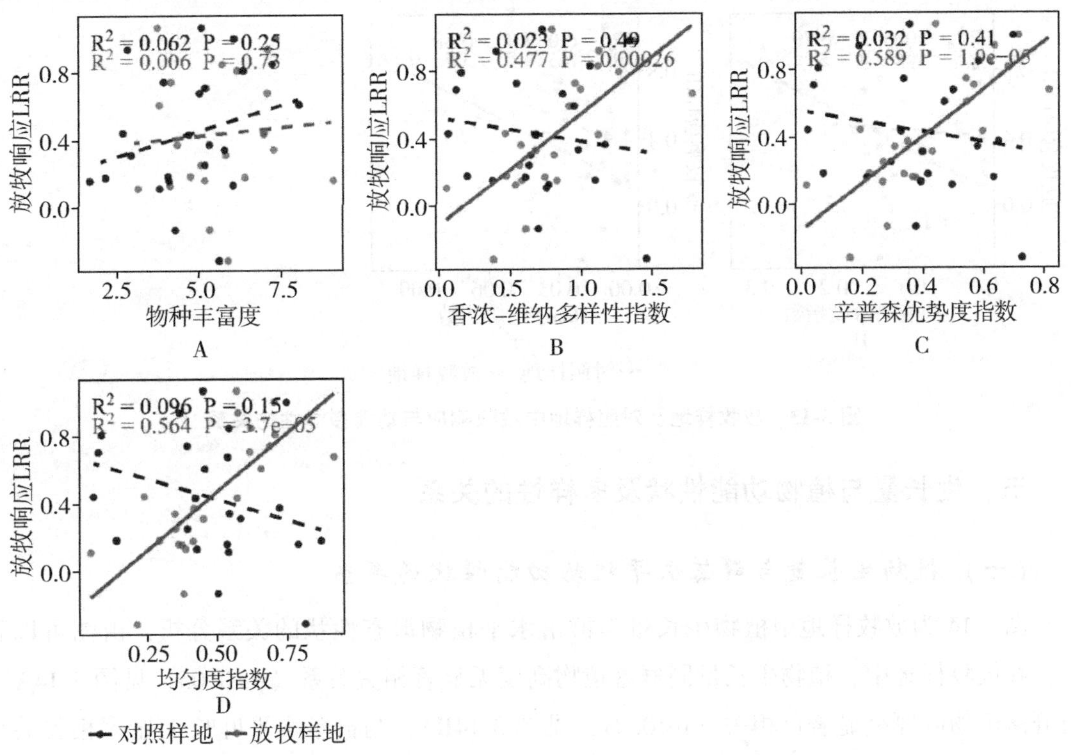

图 3-12　放牧样地及对照样地中放牧响应与物种多样性的关系

（三）放牧响应与功能多样性的关系

图 3-13 反映了放牧响应与功能多样性指数之间的相关关系，在放牧样地中，放牧响应与功能均匀度指数、功能离散度指数，以及 Rao 二次熵指数都呈显著正相关（p<0. 05，p<0. 001，p<0. 001，见图 3-13B、D、E），与功能丰富度指数及功能趋异度指数无显著相关性（p>0. 05，见图 3-13A、C）。在对照样地中，放牧响应与功能均匀度指数呈显著正相关（p<0. 01），与其他四个功能多样性指数无显著相关性（p>0. 05）。

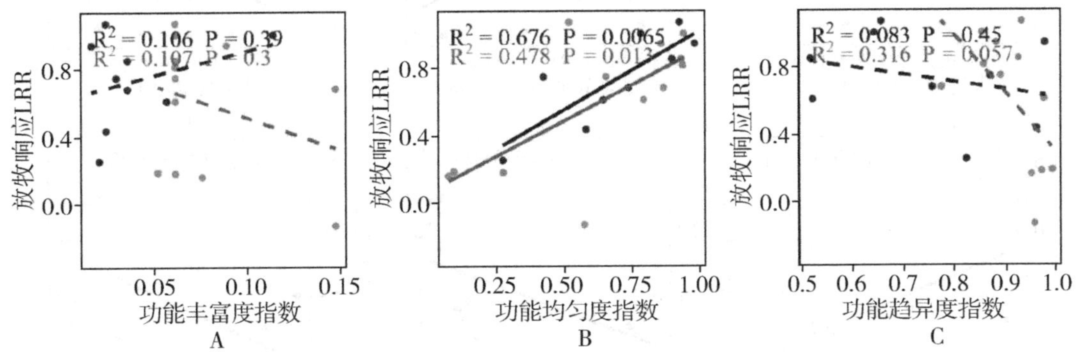

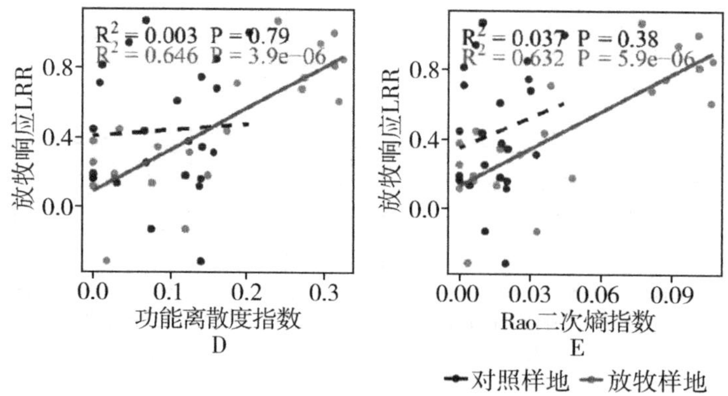

图 3-13　放牧样地及对照样地中放牧响应与功能多样性的关系

五、生长量与植物功能性状及多样性的关系

（一）植物生长量与群落水平植物功能性状的关系

图 3-14 为放牧样地中植物生长量与群落水平植物形态性状的关系分析，由图可以看出，在放牧样地中，植物生长量同群落植物高度无显著相关关系（p>0. 05，见图 3-14A），与群落植物叶厚呈显著负相关（p<0. 01，见图 3-14B），与群落水平叶长无显著相关关系（p>0. 05，见图 3-14C），与群落水平比叶面积呈显著负相关（p<0. 01，见图 3-14D），与群落水平叶干物质含量，茎干物质含量，根干物质含量都呈显著正相关（p<0. 01，p<0. 01，p<0. 05，见图 3-14E、F、G）。

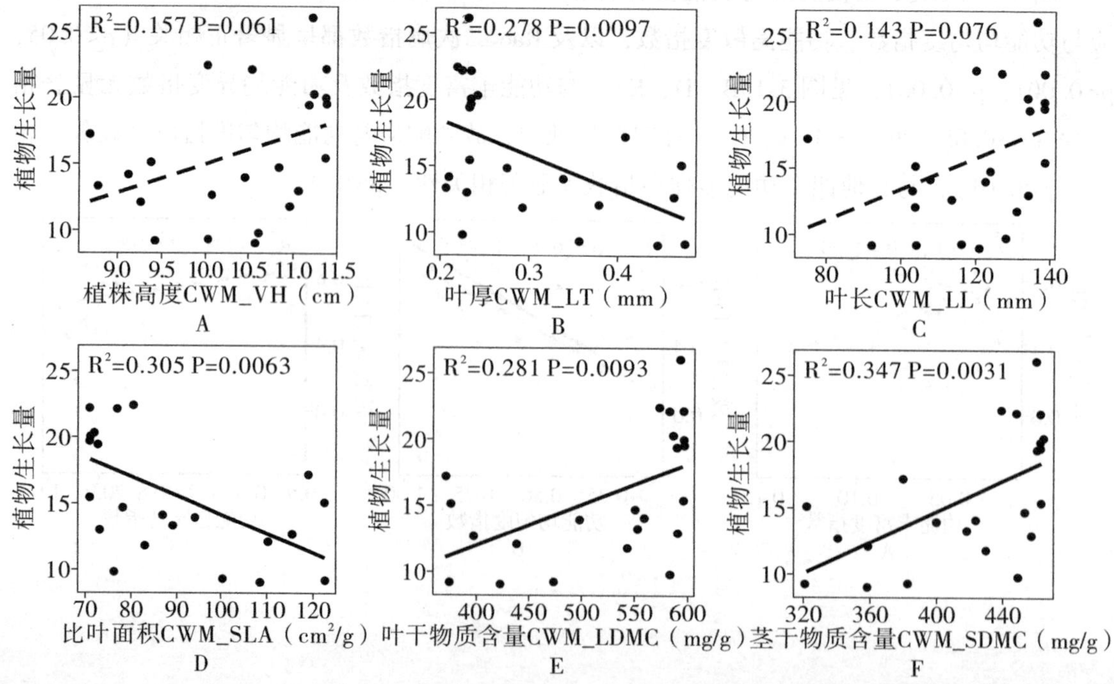

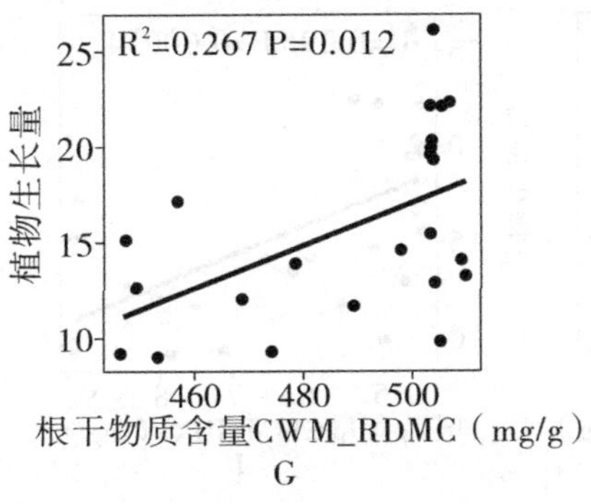

图 3-14　放牧样地中植物生长量与群落水平植物形态性状的关系

图 3-15 是放牧样地中植物生长量与群落水平元素性状的关系。在放牧样地中，植物生长量同群落水平叶碳含量及茎碳含量都有显著的正相关关系（$p<0.01$，$p<0.05$，见图 3-15A、B），与根碳含量呈显著负相关（$p<0.05$，见图 3-15C）。在群落水平植物体的氮磷含量方面，放牧样地中，植物生长量同群落水平植物叶氮含量、茎氮含量、根氮含量均呈显著负相关（$p<0.01$，$p<0.01$，$p<0.01$，见图 3-15D、E、F），同群落叶磷含量、茎磷含量、根磷含量也均呈显著负相关（$p<0.01$，$p<0.01$，$p<0.01$，见图 3-15G、H、I）。

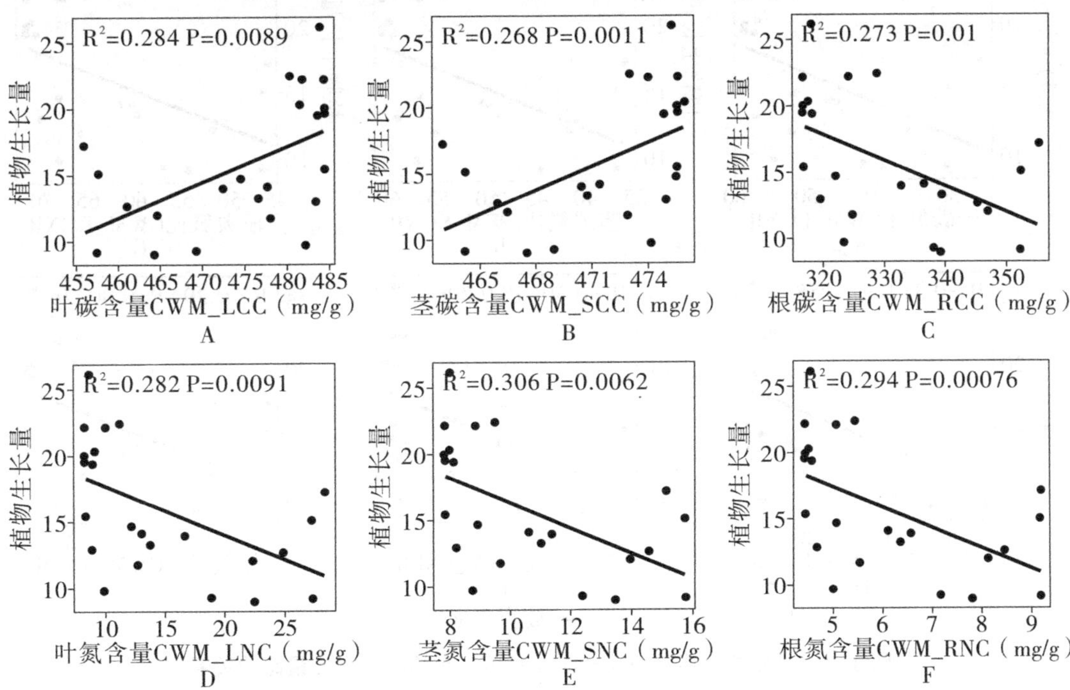

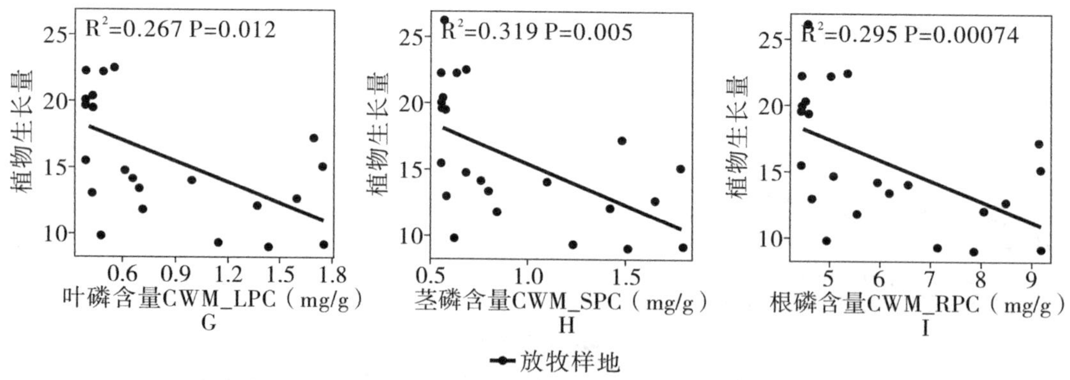

图 3-15 放牧样地中植物生长量与群落水平植物元素性状的关系

群落水平植物碳氮比及氮磷比与植物生长量如图 3-16 所示。在放牧样地中植物生长量与群落水平叶碳氮比、茎碳氮比、根碳氮比均呈显著正相关（$p<0.05$，$p<0.01$，$p<0.01$，见图 3-16A、B、C），同时，与群落叶氮磷比、茎氮磷比、根氮磷比也呈显著正相关（$p<0.01$，$p<0.01$，$p<0.01$，见图 3-16D、E、F）。

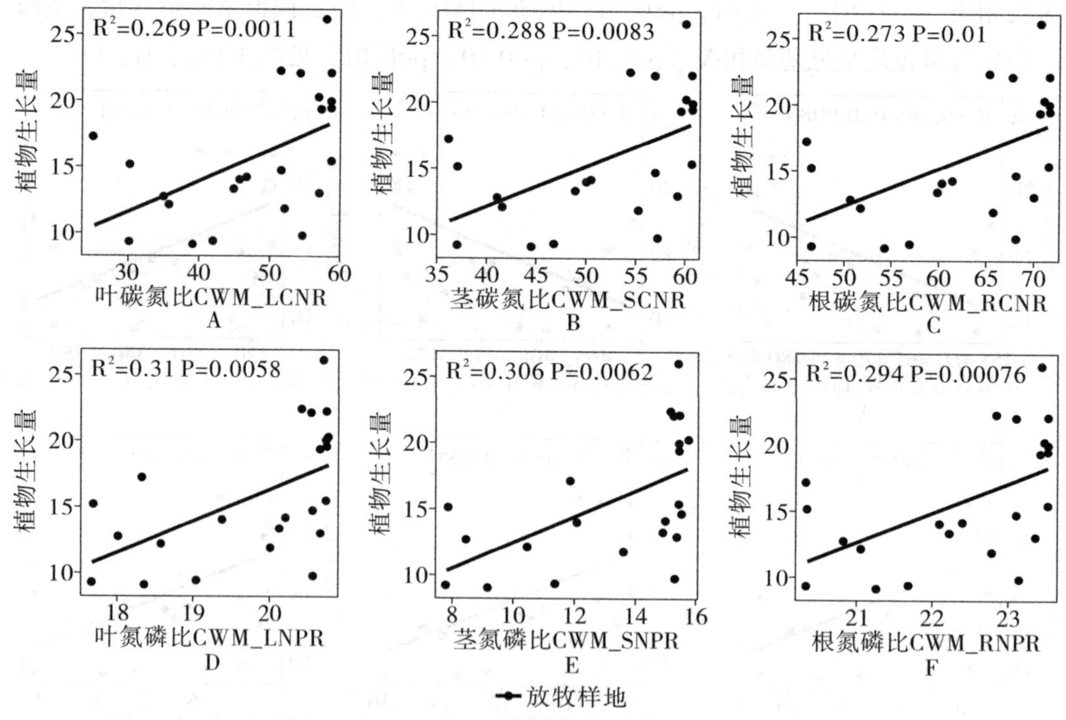

图 3-16 放牧样地中植物生长量与群落水平植物化学计量比的关系

（二）植物生长量与物种多样性的关系

植物生长量同物种多样性的相关分析如图 3-17 所示。在放牧样地中，植物生长量同辛普森优势度指数及均匀度指数呈显著负相关（$p<0.05$，$p<0.01$，见图 3-17C、D），与物种丰富度及香浓-维纳多样性指数的相关关系并不显著（$p>0.05$，见图 3-17A、B）。

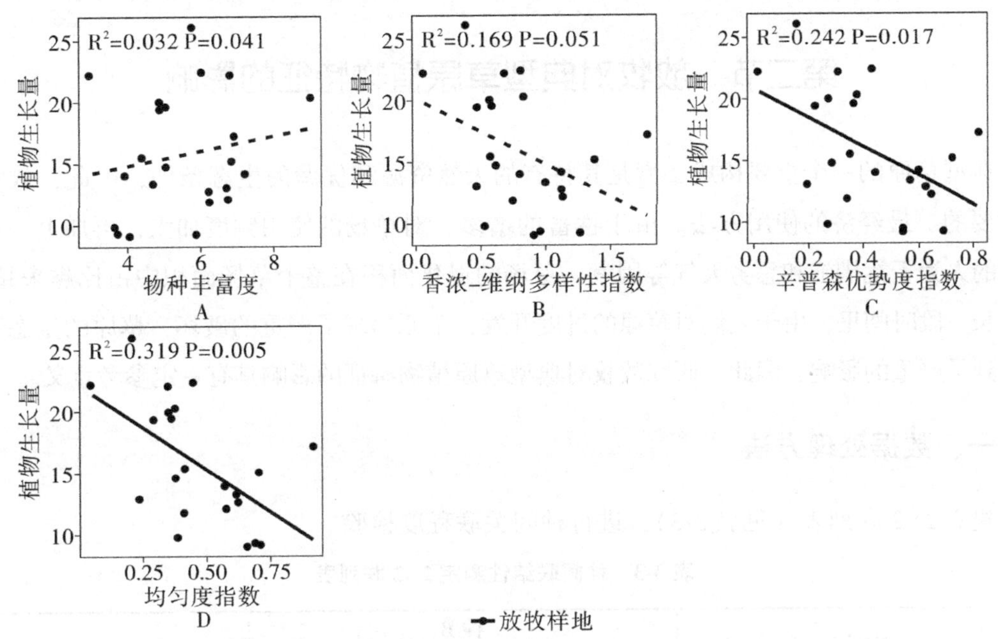

图 3-17 放牧样地中植物生长量与物种多样性的关系

（三）植物生长量与功能多样性的关系

放牧样地中植物生长量同功能多样性的关系如图 3-18 所示。在放牧群落中，植物生长量同功能离散度指数呈显著负相关（p<0. 001，见图 3-18D），同 Rao 二次熵指数呈显著负相关（p<0. 001，见图 3-18E），植物生长量同功能丰富度指数、功能均匀度指数，以及功能趋异度指数无显著相关关系（p>0. 05，见图 3-18A、B、C）。

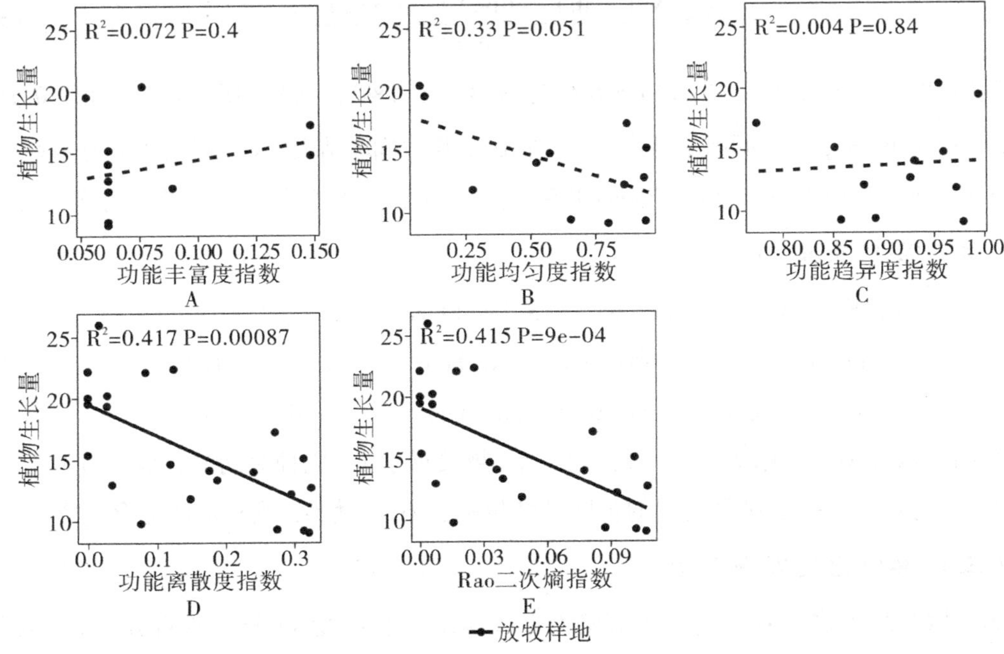

图 3-18 放牧样地中植物生长量与功能多样性的关系

第二节 放牧对典型草原植物特征的影响

典型草原的一个重要构成要素是其特有的天然资源和优渥的生态条件，因此，放牧是最主要的、最经济的使用方法。由于牲畜的增多，对草场的使用频度加大，再加上一些不合理的人为干扰措施和恶劣天气等因素，草场的退化面积在整个草场面积中占比越来越大。在很长一段时间里，由于人们对草原的过度开发，草原出现了严重的破坏，草原的生态系统也受到了严重的影响，因此，研究放牧对典型草原植物特征的影响具有一定参考意义。

一、数据处理方法

建立 2×2 联列表（见表 3-3），进行种间关联程度检验。

表 3-3 种间联结性测定 2×2 联列表

物种		种 B		统计值
		出现（1）	不出现（0）	
种 A	出现（1）	a	b	m=a+b
	不出现（0）	c	d	n=c+d
	统计值	r=a+c	s=b+d	N=a+b+c+d

（一）χ^2 检验

用 Yates 的连续性公式计算χ^2 值：

$$\chi^2 = \frac{N[\mid (ab) - (bc) \mid - (N/2)]^2}{mnrs} \tag{3-3}$$

其中，$\chi^2_{0.05}(1) = 3.841$，$\chi^2_{0.01}(1) = 6.635$；故$\chi^2 < 3.841$，则种间联结不显著独立分布；$3.841 \leqslant \chi^2 < 6.635$，则种间联结显著；$\chi^2 \geqslant 6.635$，则种间联结极显著。种间关联有两种类型：若 $ad>bc$，则为正关联，种对趋向于同时出现；若 ad<bc，则为负关联，种对趋向于各自独立。

（二）联结系数 AC

若 ad≥bc，则：AC=（ad-bc）/［（a+b）（b+d）］

ad<bc，且 d≥a，则：AC=（ad-bc）/［（a+b）（a+c）］ （3-4）

ad<bc，且 d<a，则：AC=（ad—bc）/［（b+d）（d+c）］

联结系数（AC）的值域为［-1，1］，AC 越接近于 1，则种对间的正联结性越强；反之，AC 值越接近于-1，则种对间的负联结性越强；AC 值为 0，则种对间完全独立。

（三）共同出现百分率 PC

为克服联结系数（AC）受 d 值影响而造成偏差，本节选用共同出现百分率 PC 测定种对联结性程度：

$$PC = \frac{a}{a + b + c} \tag{3-5}$$

其中，0≤PC≤1；a=0，PC=0，表明两植物不同时出现在同一样方内，种对无关联；a=N，PC=1，表明两植物同时出现在所有样方内，种对关联程度最紧密。

（四）点相关系数 φ

为降低χ^2 检验、联结系数（AC）和共同出现百分率（PC）对联结性分析的影响，选用点相关系数 φ 对联结性进行检验测定：

$$\varphi = \frac{(ad - bc)}{\sqrt{(a + b)(a + c)(c + d)(b + d)}} \tag{3-6}$$

其中，φ 值域为［−1，1］，φ 值越接近于 1，则种对间的正联结性越强；φ 值越接近于−1，则种对间的负联结性越强。

二、放牧对植被群落特征的影响

（一）牧草地上生物量对放牧的响应

图 3-19 反映了四种放牧梯度下的草地地上生物量的变化。放牧前对照 CK 的生物量最高，达到 162. 58g/m^2。但在有放牧干扰样地放牧前的地上生物量均低于对照处理，除中度放牧 MG 外，其余处理内放牧前和放牧后的地上生物量差异显著。在中度放牧 MG 下，放牧后的生物量大于放牧前，说明放牧行为显著降低了群落地上生物量，但中度放牧有利于地上生物量的累积，在放牧强度为 1. 5~3 羊单位/hm^2 的中度放牧的利用方式下，牧草地上生物量累积量大于家畜的采食消耗量，中度放牧样地的地上生物量在放牧后呈增加趋势，说明中度放牧为较合理的利用模式。

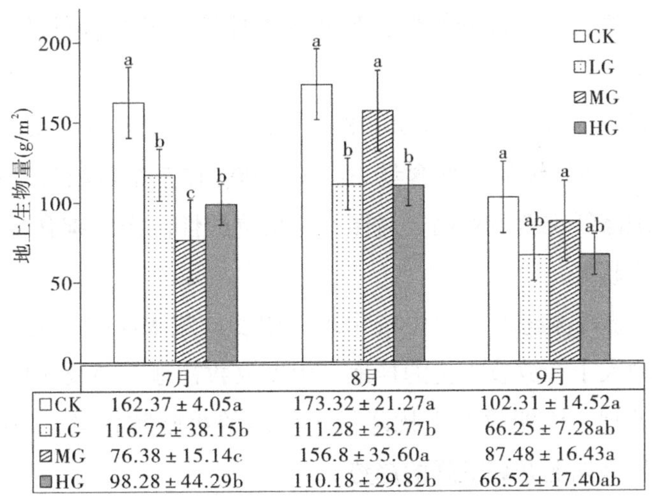

	7月	8月	9月
CK	162.37 ± 4.05a	173.32 ± 21.27a	102.31 ± 14.52a
LG	116.72 ± 38.15b	111.28 ± 23.77b	66.25 ± 7.28ab
MG	76.38 ± 15.14c	156.8 ± 35.60a	87.48 ± 16.43a
HG	98.28 ± 44.29b	110.18 ± 29.82b	66.52 ± 17.40ab

图 3-19　地上生物量随放牧干扰的变化

注：不同小写字母间表示同一指标不同放牧梯度间差异显著（P<0. 05）。

（二）牧草营养成分对放牧的响应

图 3-20 至图 3-26 反映了不同月份对应样地的牧草营养品质随放牧变化趋势。粗蛋白 CP 最高含量 33.06g/100g 出现在中度放牧 MG 的样地，中度放牧样地的粗蛋白 CP 平均含量 18.18g/100g，仅次于对照 CK 粗蛋白的平均含量 19.00g/100g，重度放牧 HG 的粗蛋白含量最少，为 14.95g/100g，中度放牧下的植物粗蛋白含量在所有放牧强度处理中最高。粗蛋白随着放牧强度的增大，整体呈现先上升后下降的趋势，在中度放牧 GI（2.2~2.4 羊单位/hm^2）区间达到最高。

植物全磷 TP 最高含量 0.27g/100g 出现在中度放牧 MG 的样地，中度放牧样地的植物全磷 TP 平均含量 0.15g/100g，小于对照 CK 的植物全磷平均值 0.18g/100g，但高于轻度 LG 和重度 HG 放牧两个处理组。对照组植物全磷含量高于三个放牧处理组。说明随着放牧强度的增大，植物全磷含量整体呈下降趋势。

植物碳 C 最高含量 44.43g/100g 出现在轻度放牧处理 LG 的样地，但中度放牧 MG 样地植物碳的平均含量为 27.41g/100g，在三个放牧处理中最高，小于对照内植物碳的平均含量 29.12g/100g，对照组植物碳含量高于三个放牧处理，说明随着放牧强度的增大，植物碳含量整体呈下降趋势。植物碳含量在中度放牧 GI（2.3~2.8 羊单位/hm^2）区间内分布密集且含量较高。

植物灰分 Ash 最高含量 64.64g/100g 出现在中度放牧 MG 的样地，但轻度放牧 LG 样地植物灰分的平均含量 27.17g/100g 在三个放牧处理中最高，略高于重度放牧 HG 样地的平均含量 26.52g/100g，说明植物灰分的平均含量随着放牧强度的增加，整体呈现上升趋势。

植物中性洗涤纤维 NDF 最高含量 60.92g/100g 出现在中度放牧 MG 的样地，但轻度放牧 LG 样地植物中性洗涤纤维的平均含量 42.43g/100g 在三个放牧处理中最高，放牧干扰下的植物中性洗涤纤维含量均高于对照，且植物中性洗涤纤维含量随着放牧强度的增大，整体含量呈下降趋势。

植物酸性洗涤纤维 ADF 最高含量 56.78g/100g 出现在中度放牧 MG 的样地，但轻度放牧 LG 样地植物酸性洗涤纤维的平均含量 36.28g/100g 在三个放牧处理中最高，说明放牧干扰下的植物酸性洗涤纤维含量均高于对照，且植物酸性洗涤纤维含量随着放牧强度的增大，整体含量呈下降趋势。

植物粗脂肪 EE 最高含量 3.52g/100g 出现在中度放牧 MG 的样地，但对照 CK 内的植物粗脂肪平均含量均大于有放牧干扰的样地。中度放牧样地的植物粗脂肪平均含量高于轻度放牧和重度放牧处理，说明放牧干扰降低了样地的粗脂肪含量，但随着放牧强度的增加，植物粗脂肪含量呈先上升后下降的趋势。

粗蛋白 CP、植物全磷 TP 和植物碳 C 的变异系数在重度放牧下最大，在对照内最小，整体随放牧强度的增大变异系数呈上升趋势，表明这三个指标在重度放牧 HG 样地的离散程度最大，粗蛋白、植物全磷和植物碳含量随放牧强度增大各样地出现较大的差异，随放牧加剧响应敏感。植物灰分 Ash、中性洗涤纤维 NDF 和酸性洗涤纤维 ADF 在有放牧干扰的样地的中度放牧 MG 强度下变异系数最大，表明这三个指标在中度放牧 MG 样地的离散程度最大，植物灰分、中性洗涤纤维和酸性洗涤纤维对中度放牧响应敏感。

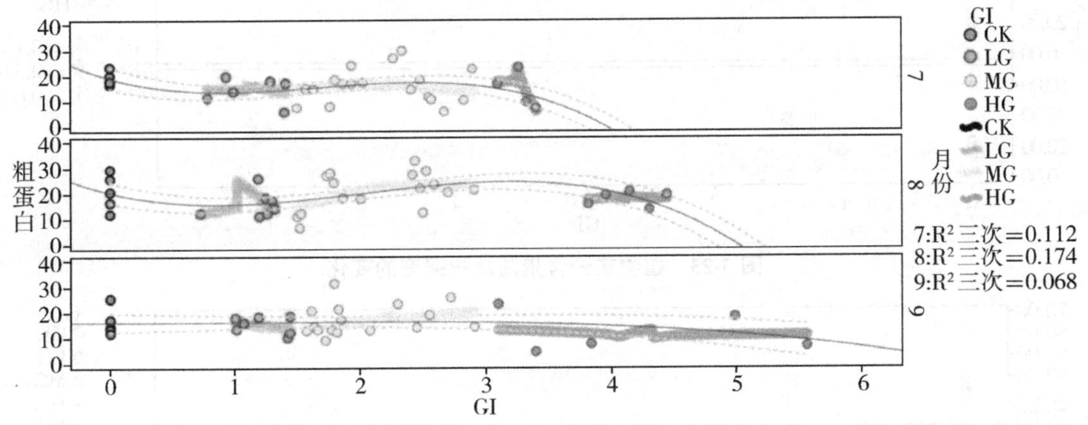

图 3-20　植物粗蛋白含量随放牧强度的变化

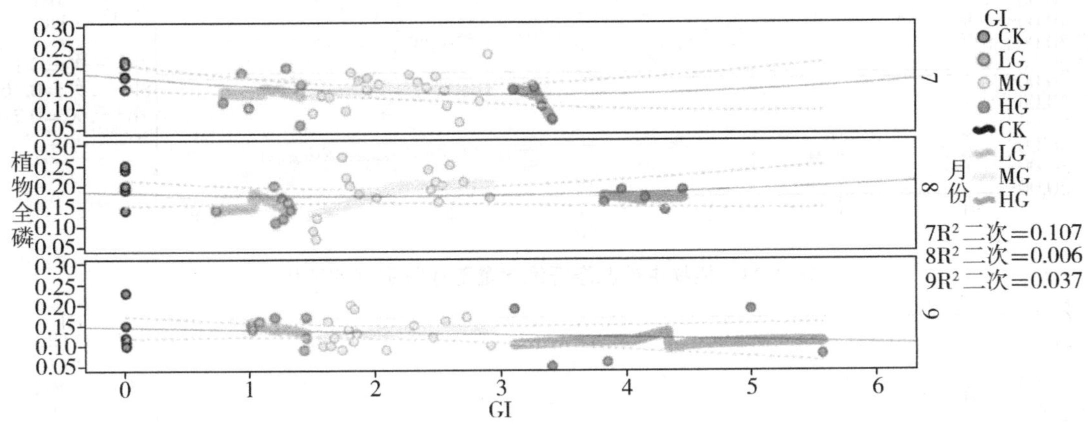

图 3-21　植物全磷含量随放牧强度的变化

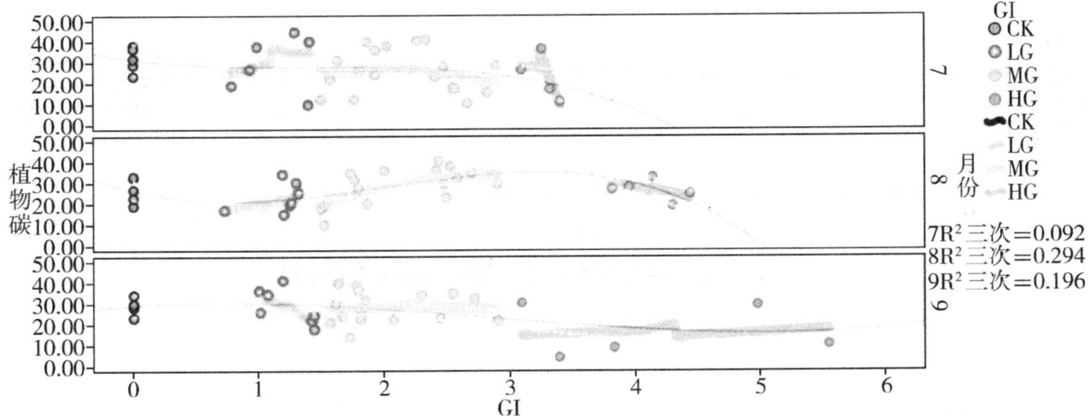

图 3-22　植物碳含量随放牧强度的变化

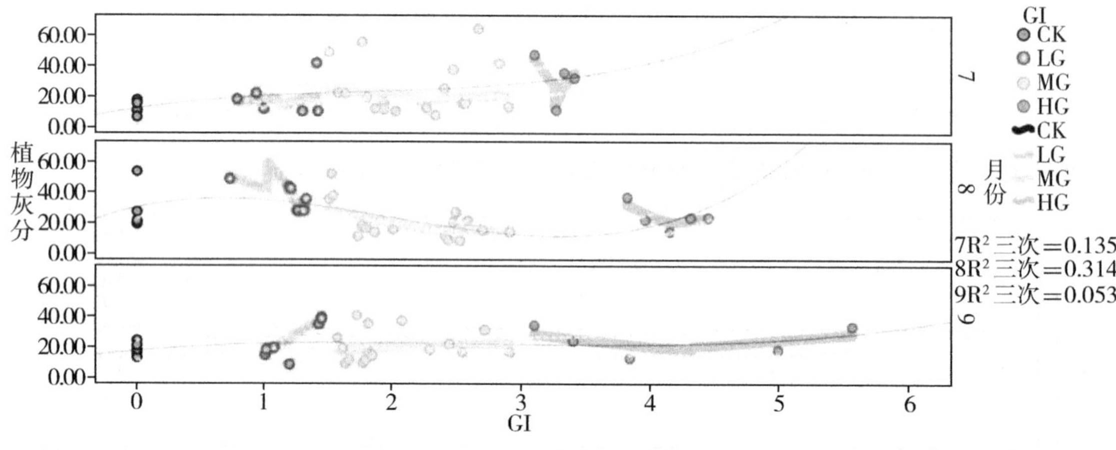

图 3-23　植物灰分含量随放牧强度的变化

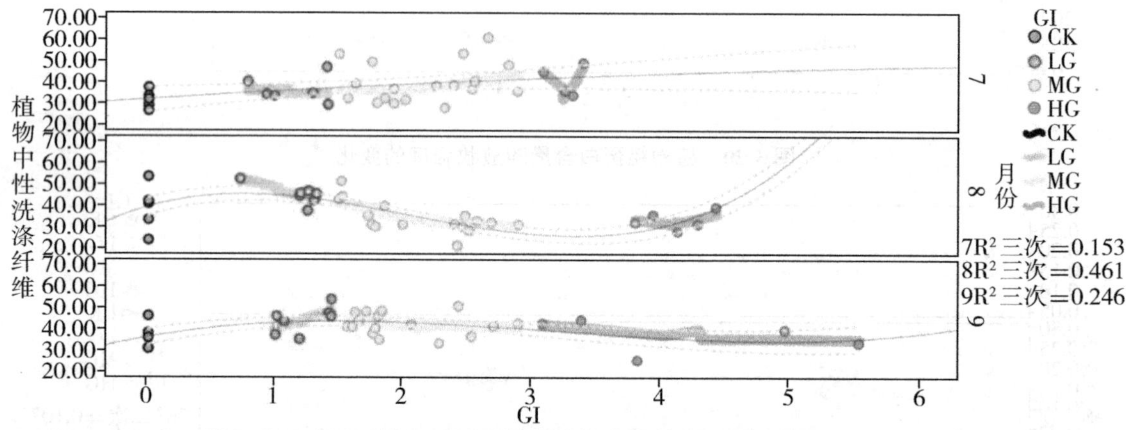

图 3-24　植物中性洗涤纤维含量随放牧强度的变化

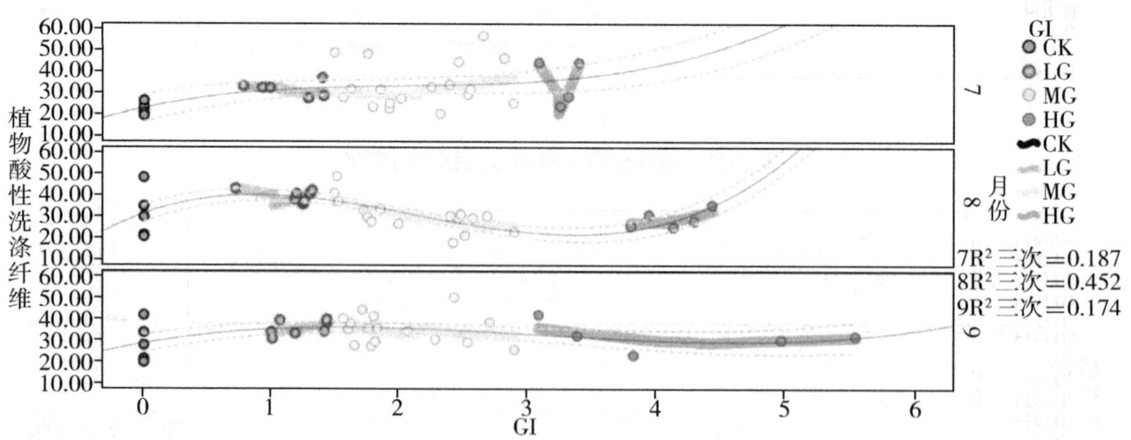

图 3-25　植物酸性洗涤纤维含量随放牧强度的变化

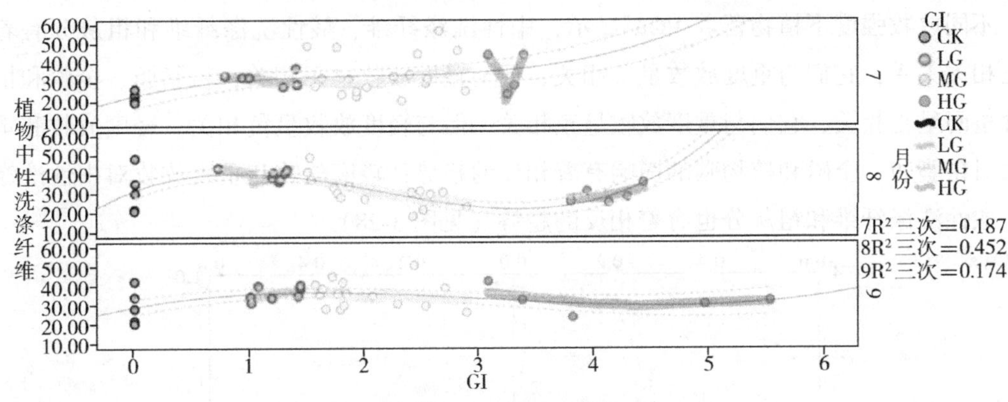

图 3-26　植物粗脂肪含量随放牧强度的变化

植物营养对放牧强度变化的响应不显著，但各指标间有较强的相关性。粗蛋白 CP 与植物全磷 TP、植物碳 C 和粗脂肪 EE 间呈极显著正相关（P<0.01），与植物灰分 Ash、中性洗涤纤维 NDF 和酸性洗涤纤维 ADF 间呈极显著负相关（P<0.01）；植物全磷 TP 与植物碳 C 和粗脂肪 EE 呈极显著正相关（P<0.01），与植物灰分 Ash 呈显著负相关（P<0.05），与中性洗涤纤维 NDF 和酸性洗涤纤维 ADF 间呈极显著负相关（P<0.01）；植物碳 C 与粗脂肪 EE 间呈极显著正相关（P<0.01），与植物灰分 Ash、中性洗涤纤维 NDF 和酸性洗涤纤维 ADF 间呈极显著负相关（P<0.01）；植物灰分 Ash 与粗脂肪 EE 间呈极显著负相关（P<0.01），与中性洗涤纤维 NDF 和酸性洗涤纤维 ADF 间呈极显著正相关（P<0.01）；中性洗涤纤维 NDF 与粗脂肪 EE 间呈极显著负相关（P<0.01），与酸性洗涤纤维 ADF 呈极显著正相关（P<0.01）；酸性洗涤纤维 ADF 与粗脂肪 EE 间呈极显著负相关（P<0.01）（见图 3-27）。

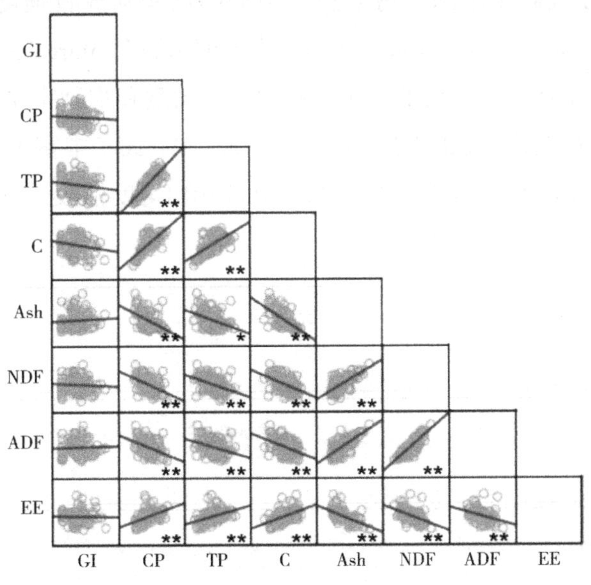

图 3-27　植物营养指标与放牧强度间相关性

注：GI：放牧强度；CP：粗蛋白；TP 植物全磷；C：植物碳；Ash：灰分；NDF：中性洗涤纤维；ADF：酸性洗涤纤维；EE：粗脂肪，＊表示显著相关（P<0.05）；＊＊表示极显著相关（P<0.01），下同。

不同放牧强度下植物营养 PCA 显示，中性洗涤纤维、酸性洗涤纤维和粗灰分有着高度正相关关系，它们与重度放牧呈负相关，但与轻度放牧呈正相关；粗脂肪、全磷和植物碳含量间呈正相关，它们与重度放牧呈正相关，但与轻度放牧呈负相关。轻度放牧和重度放牧对粗脂肪、全磷和植物碳的影响有着相反的趋势；轻度放牧和重度放牧对中性洗涤纤维、酸性洗涤纤维和粗灰分也有着相反的趋势（见图 3-28）。

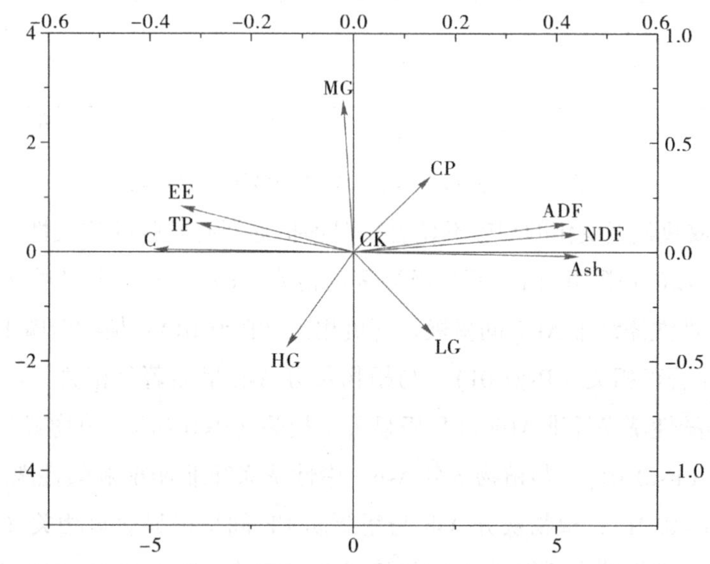

图 3-28 不同放牧强度下植物营养指标主成分分析

（三）群落多样性对放牧的响应

图 3-29 至图 3-31 反映了不同月份对应样地群落结构随放牧强度变化趋势。对照 CK 内群落的 Shannon-Weiner 多样性指数、Pielou 均匀度指数和 Margalef 丰富度均高于有放牧干扰的样地，放牧明显降低了牧场的物种多样性、均匀度和物种丰富度，随放牧强度的增强，牧场群落多样性对放牧干扰的响应呈降低模式。Margalef 丰富度对放牧干扰响应的降低程度显著高于 Shannon-Weiner 多样性指数和 Pielou 均匀度指数，三个群落结构多样性指数均对放牧强度的加强呈下降趋势。

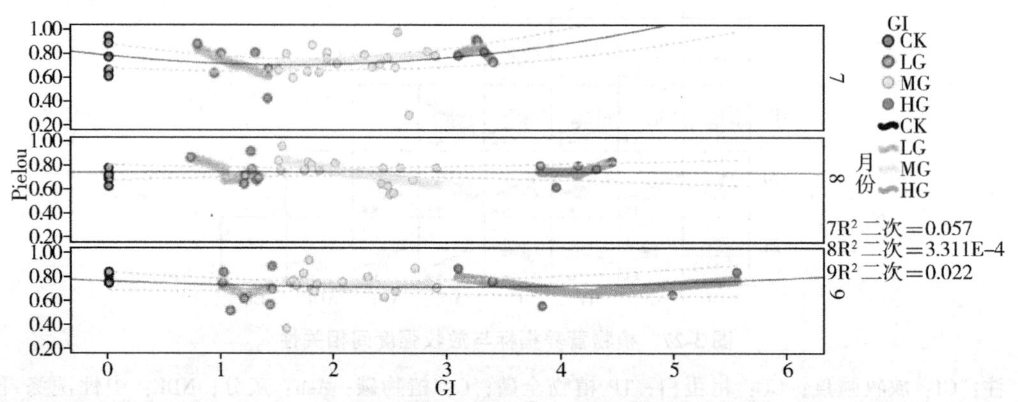

图 3-29 Pielou 均匀度指数随放牧强度的月动态变化

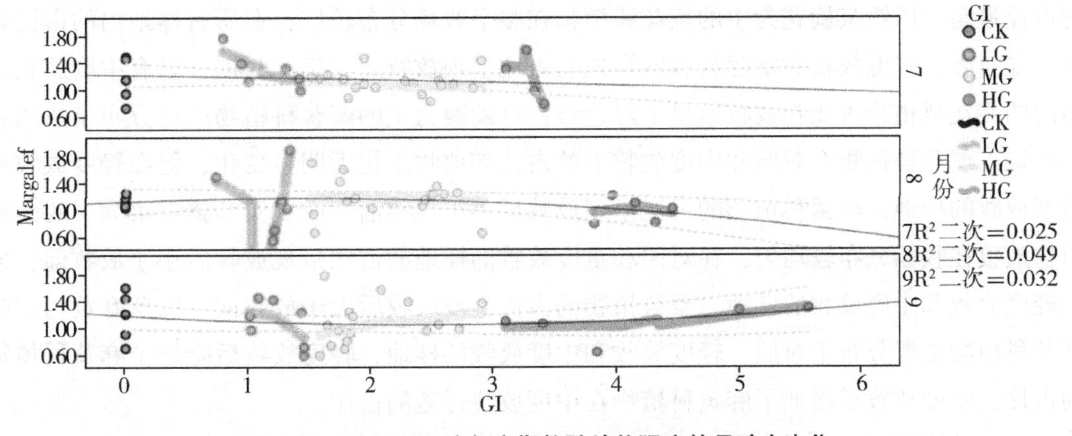

图 3-30　Margalef 均匀度指数随放牧强度的月动态变化

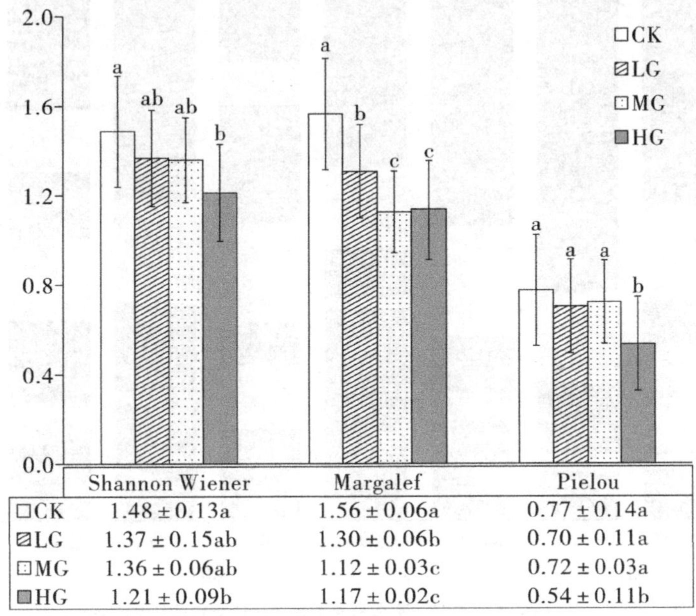

	Shannon Wiener	Margalef	Pielou
□CK	1.48 ± 0.13a	1.56 ± 0.06a	0.77 ± 0.14a
▨LG	1.37 ± 0.15ab	1.30 ± 0.06b	0.70 ± 0.11a
⊡MG	1.36 ± 0.06ab	1.12 ± 0.03c	0.72 ± 0.03a
■HG	1.21 ± 0.09b	1.17 ± 0.02c	0.54 ± 0.11b

图 3-31　群落多样性随放牧干扰的变化

注：不同小写字母间表示同一指标不同放牧梯度间差异显著（P<0. 05）。

三、放牧对群落功能群比例的影响

（一）植物科属比例对放牧的响应

图 3-32 反映了群落科属重要值比例随放牧强度的变化。对照 CK、中度放牧 MG 和重度放牧 HG 增加了以针茅、糙隐子草和羊草为主的禾本科植物在群落中重要值的占比，随放牧强度的增大，禾本科在群落中的重要值占比呈上升趋势。豆科植物在对照 CK 占群落比例较高，但有放牧干扰后，豆科植物在群落中的重要值占比均小于对照；以多根葱、野韭为主的百合科植物在对照的群落中的重要值占比对放牧行为干扰的变化不明显，在轻度放牧样地的重要值占比高于对照和其他两个放牧强度，且在轻度放牧后群落内的百合科植

物占比最高；以银灰旋花为主的旋花科植物在整个牧场分布较广，在所有样地内的占比较大，在对照、轻度放牧和重度放牧的样地的占比呈现放牧后大于放牧前；只有中度放牧样地内的旋花科植物占比在放牧后呈下降趋势；以蒺藜为主的蒺藜科植物广泛分布于牧场各个样地，蒺藜科植物在对照和中度放牧下的占比随放牧干扰无明显变化，但在轻度放牧和重度放牧的样地，蒺藜科植物的占比呈现放牧后小于放牧前；以虫实和猪毛菜为主的藜科植物放牧在牧场分布较均匀，在对照和重度放牧的样地的占比呈现放牧后小于放牧前，但在轻度放牧和中度放牧的样地，藜科植物的占比呈现放牧后大于放牧前；以草麻黄为主的麻黄科植物主要分布于对照、轻度放牧和中度放牧的样地，轻度放牧后降低了麻黄科植物的占比，中度放牧后增加了麻黄科植物在中度放牧样地的占比。

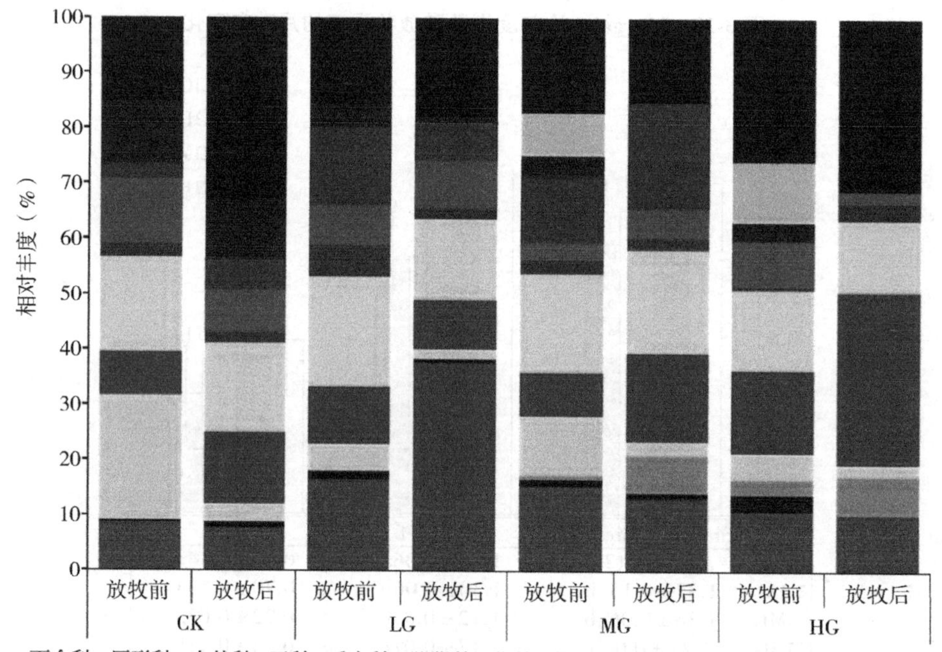

图 3-32 群落科属重要值比例随放牧行为的变化

综上，只有中度放牧样地内的旋花科植物占比在放牧后呈下降趋势，说明中度放牧的利用方式在一定程度上减小了旋花科植物这类植物在群落中的占比，中度放牧对旋花科植物有一定的抑制作用；轻度放牧后样地内的百合科植物的占比大幅上升，说明以多根葱、野韭为主的百合科植物对轻度放牧的响应较敏感；藜科植物对有无放牧和放牧强度变化的响应较弱。对照组 CK 的放牧前和放牧后解释为整个放牧季的前半段时间和后半段时间，因为没有放牧行为对对照组的扰动，所以将对照 CK 的放牧前后作为时间上的变化参考。禾本科、旋花科和麻黄科植物的重要值占比随放牧时间的推移，在对照样地内呈上升趋势，豆科和藜科呈下降趋势，蒺藜科、瑞香科和菊科无明显变化趋势。

（二）群落功能群比例对放牧的响应

图 3-33 反映了群落功能群重要值比例对放牧的响应。随着放牧强度增大，多年生禾

草占群落比例趋势整体有上升趋势，但结合样方记录观察，重度放牧 HG 样地群落整体株高和冠幅均小于轻度放牧 LG、中度放牧 MG 和对照 CK，植物呈低矮化，此结果在高强度的放牧压力下对应高比例的多年生禾草，可以解释为重度放牧单一地增加了重度放牧样地低矮新生的多年生禾草数量，数量增多的速率高于对照、轻度放牧和中度放牧内多年生禾草的冠幅和密度的速率，导致其重要值占比增大，进而导致多年生禾草占比提高。中度放牧和对照样地内的多年生杂类草的占比呈现放牧后小于放牧前；一年生、二年生杂类草在群落中的占比在对照的样地呈现放牧后大于放牧前，但在有放牧干扰的样地一年生、二年生杂类草在群落中的占比均呈现放牧后小于放牧前；对照和轻度放牧处理增加了灌木半灌木重要值占比，但中度放牧和重度放牧的利用方式降低了灌木半灌木的重要值占比，灌木半灌木在中度放牧和重度放牧下均呈现放牧后小于放牧前，多年生杂类草的比例与灌木半灌木比例呈此消彼长的状态。整体来看，随着放牧时间的延续，对照样地内多年生禾草和一年生、二年生草的占比呈上升趋势，多年生杂类草的占比呈下降趋势，对照处理对增加可食牧草和降低多年生杂类草的比例有着明显的促进作用；中度放牧和重度放牧对灌木半灌木的重要值占比影响最大。对照组 CK 的放牧前和放牧后解释为整个放牧季的前半段时间和后半段时间，因为没有放牧行为对对照组的扰动，所以将对照 CK 的放牧前后作为时间上的变化参考。分析得知，在对照 CK 内，随放牧时间的推移，禁牧处理的样地禾本科和一年生、二年生草的重要值占比随放牧时间的推移，占比呈上升趋势，多年生杂类草则表现相反，说明禁牧处理在一定程度上对抑制多年生杂类草有显著效果。

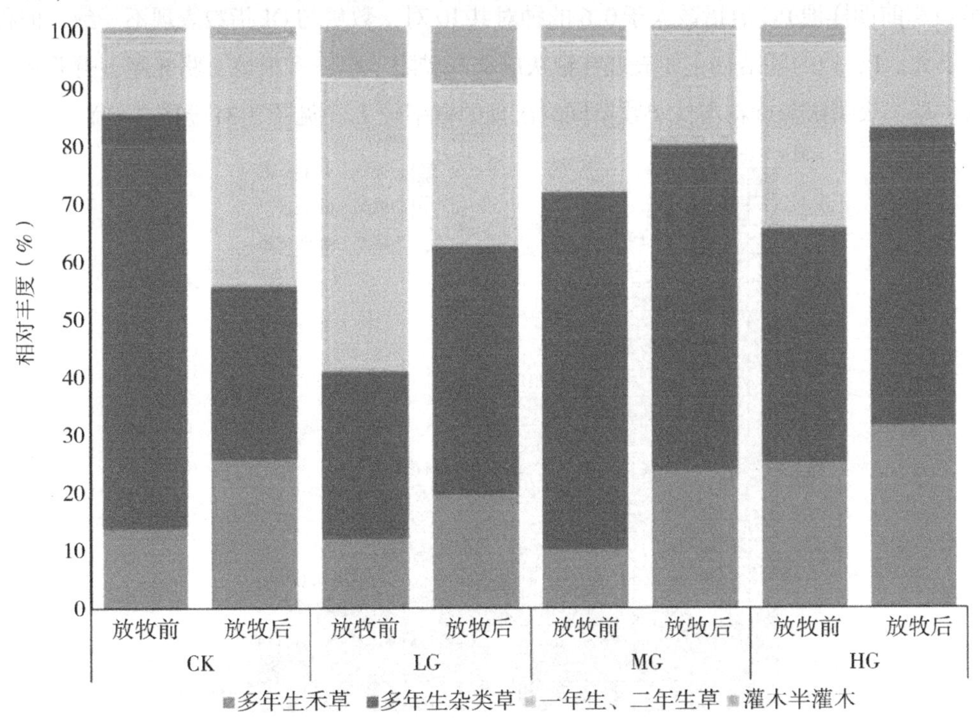

图 3-33　群落功能群比例随放牧行为的变化

四、放牧对群落种间联结度的影响

由图 3-34 至图 3-36 可知，放牧季前期样地 20 种植物共组成 190 种对，其中正联结的种对数有 101 个（占 53%），负联结的种对数有 84 个（占 43%），正联结显著率为 2.6%，负联结显著率为 2.1%。正联结总对数大于负联结总对数。显著种对主要发生在杂草类蒺藜×狼毒、狼毒×骆驼蓬、狼毒×兔唇花、蒺藜×羊草、虫实×乳白花黄芪等中，其中草麻黄与针茅、草麻黄与银灰旋花表现出极显著的负联结，且两者的共同出现百分率 PC 小于 9%，表明草麻黄与银灰旋花和针茅在对资源和生长空间的汲取竞争加剧，相互排斥，具有较强的竞争性。

由于χ^2 检验只能反映种对间的显著性，其中不显著的种对间同样有一定联结，所以结合 OI 指数与共同出现百分率 PC 来测定种对间的联结强度的大小。OI 指数测定联结程度大小时，无联结时为 0，最大联结时为 1。

放牧季前期样地符合统计数共有 20 种植物共组成 190 种对，OI 值大于 0.6 的种对共有 41 对，占整体种对数的 21.6%，说明群落整体种对间联结程度不密切。此外，有 3 种对 OI 指数为 0，均出现在样地出现频率较低的兔唇花×小叶锦鸡儿和糙叶黄芪×细叶葱物种之间，这可能和较低的出现频率和植株的独立性生长有关。但是，骆驼蓬和虫实、骆驼蓬和多根葱之间的联结极为密切，种对间联结程度最高，达到 0.86 和 0.8，这可能是三种植被对环境利用有较高的相似性所致。

放牧季前期样地 PC 值指数大于 0.6 的种对共 10 对，数量与 OI 指数表现不一致，但种对组成差别不大。PC 值的联结则主要表现在银灰旋花与糙隐子草、多根葱、骆驼蓬、野韭和针茅几种优势牧草，表明银灰旋花与优势牧草同时出现的概率较大（见图 3-34 至图 3-36）。

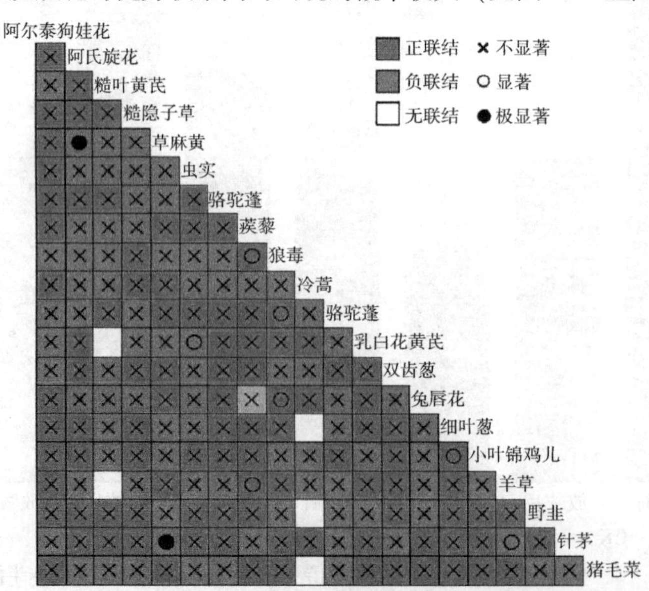

图 3-34　放牧前植物群落χ^2 检验半矩阵

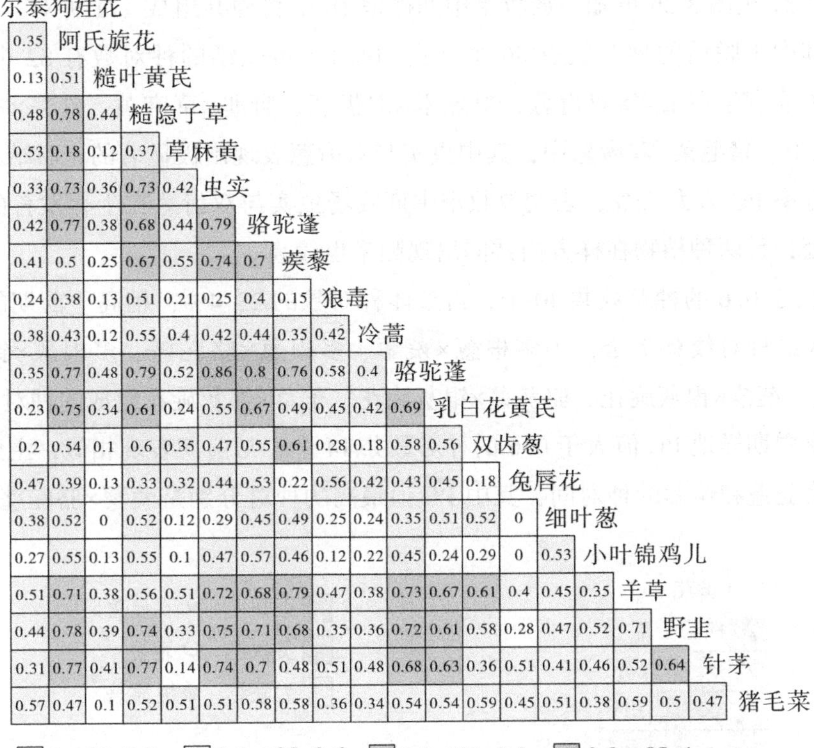

	河尔泰狗娃花	阿氏旋花	糙叶黄芪	糙隐子草	草麻黄	虫实	骆驼蓬	蒺藜	狼毒	冷蒿	骆驼蓬	乳白花黄芪	双齿葱	兔唇花	细叶葱	小叶锦鸡儿	羊草	野韭	针茅
阿氏旋花	0.35																		
糙叶黄芪	0.13	0.51																	
糙隐子草	0.48	0.78	0.44																
草麻黄	0.53	0.18	0.12	0.37															
虫实	0.33	0.73	0.36	0.73	0.42														
骆驼蓬	0.42	0.77	0.38	0.68	0.44	0.79													
蒺藜	0.41	0.5	0.25	0.67	0.55	0.74	0.7												
狼毒	0.24	0.38	0.13	0.51	0.21	0.25	0.4	0.15											
冷蒿	0.38	0.43	0.12	0.55	0.4	0.42	0.44	0.35	0.42										
骆驼蓬	0.35	0.77	0.48	0.79	0.52	0.86	0.8	0.76	0.58	0.4									
乳白花黄芪	0.23	0.75	0.34	0.61	0.24	0.55	0.67	0.49	0.45	0.42	0.69								
双齿葱	0.2	0.54	0.1	0.6	0.35	0.47	0.55	0.61	0.28	0.18	0.58	0.56							
兔唇花	0.47	0.39	0.13	0.33	0.32	0.44	0.53	0.22	0.56	0.42	0.43	0.45	0.18						
细叶葱	0.38	0.52	0	0.52	0.12	0.29	0.45	0.49	0.25	0.24	0.35	0.51	0.52	0					
小叶锦鸡儿	0.27	0.55	0.13	0.55	0.1	0.47	0.57	0.46	0.12	0.22	0.45	0.24	0.29	0	0.53				
羊草	0.51	0.71	0.38	0.56	0.51	0.72	0.68	0.79	0.47	0.38	0.73	0.67	0.61	0.4	0.45	0.35			
野韭	0.44	0.78	0.39	0.74	0.33	0.75	0.71	0.68	0.35	0.36	0.72	0.61	0.58	0.28	0.47	0.52	0.71		
针茅	0.31	0.77	0.41	0.77	0.14	0.74	0.7	0.48	0.51	0.48	0.68	0.63	0.36	0.51	0.41	0.46	0.52	0.64	
猪毛菜	0.57	0.47	0.1	0.52	0.51	0.51	0.58	0.58	0.36	0.34	0.54	0.54	0.59	0.45	0.51	0.38	0.59	0.5	0.47

□0≤OI<0.3，□0.3≤OI<0.6，□0.6≤OI<0.8　□0.8≤OI<1

图 3-35　放牧前植物群落 OI 指数半矩阵

	河尔泰狗娃花	阿氏旋花	糙叶黄芪	糙隐子草	草麻黄	虫实	骆驼蓬	蒺藜	狼毒	冷蒿	骆驼蓬	乳白花黄芪	双齿葱	兔唇花	细叶葱	小叶锦鸡儿	羊草	野韭	针茅
阿氏旋花	20%																		
糙叶黄芪	7%	26%																	
糙隐子草	25%	64%	21%																
草麻黄	36%	9%	6%	19%															
虫实	16%	57%	17%	57%	23%														
骆驼蓬	22%	63%	19%	51%	25%	66%													
蒺藜	24%	33%	12%	50%	35%	58%	53%												
狼毒	13%	20%	7%	29%	12%	12%	21%	7%											
冷蒿	23%	23%	6%	32%	25%	23%	25%	19%	27%										
骆驼蓬	16%	63%	23%	65%	29%	76%	67%	59%	40%	21%									
乳白花黄芪	12%	59%	17%	44%	11%	37%	50%	32%	26%	25%	52%								
双齿葱	11%	34%	5%	39%	21%	28%	36%	42%	16%	10%	38%	38%							
兔唇花	31%	21%	7%	17%	19%	23%	31%	11%	38%	27%	22%	26%	10%						
细叶葱	23%	27%	0%	27%	6%	13%	23%	27%	14%	13%	16%	29%	33%	0%					
小叶锦鸡儿	15%	31%	7%	31%	5%	24%	32%	26%	6%	13%	23%	12%	17%	0%	36%				
羊草	28%	55%	19%	37%	30%	56%	52%	64%	26%	21%	57%	50%	41%	21%	23%	18%			
野韭	24%	63%	20%	58%	18%	59%	55%	52%	19%	6%	56%	43%	38%	14%	25%	29%	55%		
针茅	16%	62%	22%	62%	7%	58%	53%	31%	30%	29%	50%	46%	21%	30%	22%	26%	35%	47%	
猪毛菜	38%	29%	5%	33%	33%	31%	40%	40%	21%	20%	33%	36%	42%	28%	31%	22%	39%	32%	30%

图 3-36　放牧前植物群落 PC 值半矩阵

由图 3-37 至图 3-39 可知，放牧季中期样地 18 个物种共组成 171 种对，较前期减少 2 个物种。其中正联结的种对数有 86 个（占 50%），负联结的种对数有 82 个（占 48%），显著种对主要发生在虫实×双齿葱、早熟禾×双齿葱、野韭×草麻黄、针茅×糙隐子草、猪毛菜×胡枝子、猪毛菜×双齿葱中，其中虫实与双齿葱表现出极显著的正联结，且两者的共同出现百分率 PC 值为 75%，表明放牧季中期牧场虫实与双齿葱在生存发育的决策上有高度相似之处，且两种植物在样方内共同出现频率也较高。

OI 值大于 0. 6 的种对数共 40 个，占整体种对数的 23. 4%，稍高于前期的 21. 6%。OI 值大于 0. 8 的种对数有 7 个，为多根葱×蒺藜、多根葱×骆驼蓬、多根葱×银灰旋花、蒺藜×骆驼蓬、蒺藜×银灰旋花、骆驼蓬×银灰旋花、羊草×银灰旋花组成的种对。

放牧季中期样地 PC 值大于 0. 6 的种对数共 14 个，与前期表现相似，主要集中在以银灰旋花、骆驼蓬和蒺藜的种对间，其中 PC 值最高的种对分别是蒺藜×骆驼蓬，蒺藜×银灰旋花。

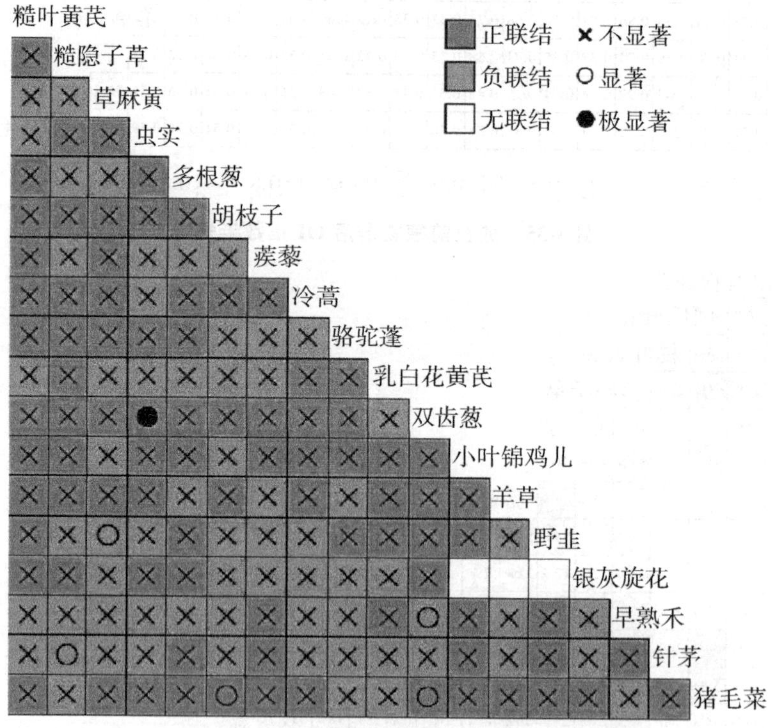

图 3-37　放牧季中植物群落χ^2 检验半矩阵

	糙叶黄芪	糙隐子草	草麻黄	虫实	多根葱	胡枝子	蒺藜	冷蒿	骆驼蓬	乳白花黄芪	双齿葱	小叶锦鸡儿	羊草	野韭	银灰旋花	昌熟禾	针茅
糙隐子草	0.51																
草麻黄	0.19	0.44															
虫实	0.27	0.58	0.54														
多根葱	0.53	0.61	0.46	0.59													
胡枝子	0.45	0.52	0.46	0.43	0.53												
蒺藜	0.51	0.71	0.59	0.6	0.82	0.6											
冷蒿	0.41	0.45	0.35	0.22	0.42	0.33	0.42										
骆驼蓬	0.39	0.7	0.55	0.61	0.81	0.45	0.88	0.31									
乳白花黄芪	0.12	0.46	0.2	0.09	0.36	0.19	0.42	0.29	0.47								
双齿葱	0.53	0.58	0.46	0.71	0.6	0.5	0.64	0.33	0.61	0.19							
小叶锦鸡儿	0.42	0.48	0.27	0.51	0.58	0.17	0.54	0.26	0.54	0.34	0.51						
羊草	0.47	0.74	0.58	0.64	0.69	0.64	0.65	0.49	0.72	0.42	0.75	0.51					
野韭	0.52	0.54	0.19	0.42	0.64	0.42	0.73	0.27	0.72	0.47	0.54	0.42	0.63				
银灰旋花	0.57	0.74	0.49	0.61	0.81	0.51	0.88	0.31	0.81	0.4	0.66	0.48	0.81	0.68			
昌熟禾	0.11	0.22	0.29	0.09	0.41	0.27	0.51	0.14	0.38	0.35	0	0.32	0.27	0.45	0.31		
针茅	0.31	0.36	0.34	0.44	0.67	0.38	0.73	0.19	0.62	0.25	0.38	0.45	0.47	0.63	0.58	0.55	
猪毛菜	0.57	0.53	0.56	0.58	0.69	0.71	0.69	0.41	0.57	0.09	0.67	0.54	0.68	0.56	0.61	0.24	0.57

□0≤OI<0.3，□0.3≤OI<0.6，□0.6≤OI<0.8　□0.8≤OI<1

图 3-38　放牧季中植物群落 OI 指数半矩阵

	糙叶黄芪	糙隐子草	草麻黄	虫实	多根葱	胡枝子	蒺藜	冷蒿	骆驼蓬	乳白花黄芪	双齿葱	小叶锦鸡儿	羊草	野韭	银灰旋花	早熟禾	针茅
糙隐子草	30%																
草麻黄	11%	27%															
虫实	15%	40%	37%														
多根葱	31%	44%	28%	39%													
胡枝子	28%	35%	30%	27%	34%												
蒺藜	26%	62%	35%	37%	69%	37%											
冷蒿	25%	23%	20%	11%	20%	18%	18%										
骆驼蓬	23%	53%	33%	40%	68%	27%	70%	13%									
乳白花黄芪	6%	26%	11%	5%	19%	10%	20%	17%	24%								
双齿葱	35%	40%	30%	70%	41%	33%	41%	18%	40%	10%							
小叶锦鸡儿	27%	29%	16%	33%	36%	9%	29%	14%	31%	20%	33%						
羊草	26%	61%	37%	44%	53%	44%	48%	24%	62%	22%	62%	30%					
野韭	32%	37%	10%	26%	47%	26%	34%	13%	61%	27%	36%	25%	45%				
银灰旋花	32%	62%	29%	40%	68%	31%	80%	13%	65%	20%	45%	27%	61%	50%			
早熟禾	6%	11%	17%	5%	22%	15%	26%	7%	19%	21%	0%	19%	13%	26%	16%		
针茅	17%	22%	20%	28%	50%	23%	53%	9%	44%	13%	23%	27%	30%	46%	39%	35%	
猪毛菜	37%	36%	38%	41%	52%	55%	47%	22%	38%	4%	50%	35%	50%	38%	42%	13%	40%

图 3-39　放牧季中植物群落 PC 值半矩阵

由图 3-40 至图 3-42 可知，放牧季后期样地 15 个物种共组成 120 种对，较中期减少 3 个物种。其中正联结的种对数有 59 个（占 49%），负联结的种对数有 56 个（占 46.7%），只有 3 个种对呈现显著性，分别是针茅×苜蓿、猪毛菜×草麻黄、猪毛菜×银灰旋花。放牧季后期样地整体植物联结度下降，出现 5 个种对无联结现象。

植物群落 OI 指数大于 0.6 的种对数共 37 个，占整体种对数的 30.8%，高于放牧季前中两期，大于 0.8 的种对数共 11 个，糙隐子草分别与多根葱、蒺藜、骆驼蓬、羊草和银灰旋花，多根葱分别与蒺藜、羊草、银灰旋花，蒺藜分别与羊草和银灰旋花，羊草与银灰旋花组成的种对。

随着放牧时间的延续，群落整体优势物种数量下降，各样地内植物呈正联结的种对数占比下降，呈负联结的种对数占比上升，说明种对间联结程度随放牧强度持续累积逐渐变得不密切。OI 指数为 0 的种对在放牧季中期最少，在放牧季初期和末期 OI 指数为 0 的主要出现在重要值较低的苜蓿、沙蓬和乳白花黄芪之间，这表明这些物种几乎完全独立，这可能也是导致植物群落总体负联结的原因。虽然群落联结度整体随长时间的放牧累积呈下降趋势，但与此同时种对间形成强的联结效应不断增多，由放牧前期的 2 对增长到中期的 7 对进而增长到放牧季后期的 11 对，群落内强的联结效应主要发生在多根葱、银灰旋花、糙隐子草、骆驼蓬、蒺藜之间。PC 值与 OI 指数整体上表现出相同趋势，具有较高的一致性。

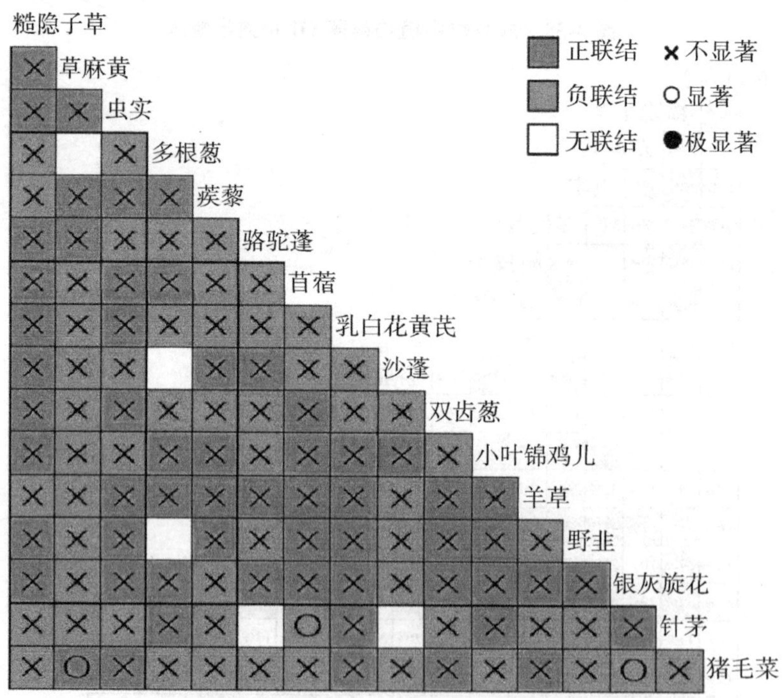

图 3-40　放牧季后植物群落 χ^2 检验半矩阵

糙隐子草

麻黄	0.49														
实	0.63	0.29													
根葱	0.8	0.38	0.5												
藜	0.92	0.5	0.61	0.81											
驼蓬	0.81	0.39	0.3	0.61	0.73										
蓿	0.52	0.24	0.65	0.47	0.47	0.36									
乳白花黄芪	0.43	0.14	0.34	0.33	0.38	0.09	0.13								
沙蓬	0.46	0.13	0	0.38	0.47	0.41	0	0							
齿葱	0.43	0.14	0.45	0.24	0.36	0.18	0.27	0.17	0.15						
叶锦鸡儿	0.61	0.11	0.33	0.54	0.59	0.26	0.3	0.37	0.34	0.12					
草	0.82	0.37	0.62	0.82	0.81	0.64	0.49	0.34	0.32	0.39	0.61				
韭	0.65	0.19	0.62	0.53	0.61	0.41	0.36	0.44	0.2	0.44	0.4	0.5			
灰旋花	0.91	0.33	0.62	0.84	0.85	0.68	0.5	0.45	0.28	0.38	0.62	0.85	0.69		
茅	0.7	0.24	0.37	0.67	0.63	0.64	0.15	0.37	0.34	0.18	0.47	0.61	0.36	0.71	
毛菜	0.65	0.62	0.55	0.45	0.62	0.49	0.33	0.31	0.09	0.31	0.23	0.61	0.33	0.55	0.5

□0≤OI<0.3，□0.3≤OI<0.6，□0.6≤OI<0.8　□0.8≤OI<1

图 3-41　放牧季后植物群落 OI 指数半矩阵

糙隐子草

草麻黄	24%														
虫实	39%	17%													
多根葱	66%	19%	31%												
蒺藜	86%	25%	36%	58%											
骆驼蓬	58%	21%	17%	44%	56%										
苜蓿	27%	13%	47%	26%	24%	20%									
乳白花黄芪	18%	8%	19%	15%	18%	4%	7%								
沙蓬	21%	7%	0%	19%	22%	22%	0%	0%							
双齿葱	18%	8%	27%	11%	15%	8%	15%	9%	8%						
小叶锦鸡儿	33%	6%	20%	33%	34%	14%	18%	21%	20%	6%					
羊草	50%	19%	38%	56%	67%	47%	28%	16%	15%	17%	36%				
野韭	42%	10%	42%	34%	39%	25%	21%	25%	11%	25%	25%	32%			
银灰旋花	82%	16%	40%	64%	74%	52%	27%	21%	13%	17%	38%	63%	48%		
针茅	51%	12%	22%	50%	44%	41%	7%	18%	17%	8%	29%	43%	21%	53%	
猪毛菜	44%	41%	38%	28%	41%	32%	19%	16%	5%	16%	13%	39%	20%	37%	33%

图 3-42　放牧季后植物群落 PC 值半矩阵

第三节　放牧对草甸草原植物特征的影响

草地生态系统作为地球上重要的陆地生态系统，不仅具有调节气候、保持水土、改良土壤和维系生物多样性等功能，还可以给人类提供初级物质生产，是发展畜牧业、保护生态系统安全和传承草原文化的基础。因此，关注植物特征在不同放牧压力下及解除放牧压力后的恢复响应，对于维持草地放牧生态系统的多功能及其稳定性、提高草原生产力、保护草原生物多样性、实现草原放牧系统可持续发展具有十分重要的理论和实践意义。本节将着重从“放牧强度”这一方向入手探讨放牧对草甸草原植物特征的影响。

一、数据处理与分析

（一）停止放牧后恢复响应的定量评估

本节利用停止放牧后各功能性状的响应程度来定量评估解除放牧后各功能性状的恢复程度，公式如下：

$$RR = \frac{(V_{SG} - V_G)}{V_G} \times 100\% \tag{3-7}$$

式中，V_{SG} 表示停止放牧后各物种的性状值，V_G 表示长期放牧下各物种的性状值。*RR* 值为正，是正响应，代表停止放牧草地的恢复生长>长期放牧草地的自然生长；*RR* 值为负，是负响应，代表长期放牧草地的自然生长>停止放牧草地的恢复生长。

（二）物种多样性指数

本节选用了 4 种常用的物种多样性指数，即 Margalef 丰富度指数（RO）、Shannon-Wiener 多样性指数（H）、Pielou 均匀度指数（J）和 Simpson 优势度指数（D）。首先，计算各样地出现的物种数（S），即 Margalef 丰富度指数（RO）。其次，计算每个样地的物种相对多度，根据计算公式用 Excel 2019 计算 Shannon-Wiener 多样性（H）、均匀度（J）和优势度（D）指标，计算公式如下：

$$R_0 = S \tag{3-8}$$

$$P_i = N_i/N \tag{3-9}$$

$$H = -\sum_{I=1}^{S} P_i \ln P_i \tag{3-10}$$

$$J = H'/\ln S \tag{3-11}$$

$$D = 1 - \sum_{i=1}^{S} P_i^2 \tag{3-12}$$

式中，*S* 为总物种数目，P_i 为属于各物种 i 的在全部物种中的比例，N_i 为种 i 的个体数，*N* 为群落中全部物种的总个体数。

（三）功能多样性指数

采用 R4.1.3 软件的 Package FD 进行各功能多样性指数［CWM 指数、功能丰富度指数（FRic）、功能均匀度指数（FEve）、功能离散度指数（FDiv）和 Rao 二次熵指数（FDo）］的计算。公式如下：

$$CWM = \sum_{i=1}^{S} P_i^2 \times trait_i \tag{3-13}$$

式中，*CWM* 是群落内植物功能特征的加权平均值，其中 P_i 为物种 i 的相对丰度，$trait_i$ 是物种 i 的性状值。

$$FR_{ic} = \frac{SF_{ci}}{R_c} \tag{3-14}$$

式中，SF_{ci} 为群落 i 内物种所占据的生态位空间，R_c 为性状 c 的绝对值范围。

$$FE_{ve} = \frac{\sum_{i=1}^{S-1}\min\left(PEW_i \frac{1}{S-1}\right) - \frac{1}{S-1}}{1 - \frac{1}{S-1}} \tag{3-15}$$

式中，S 为物种数，PEW 为物种 i 的局部加权均匀度。

$$FD_{iv} = \frac{\sum_{i=1}^{S} w_i\left(dG_i - \frac{1}{S}\sum_{i=1}^{S} dG_i\right) + \frac{1}{S}\sum_{i=1}^{S} dG_i}{\sum_{i=1}^{S} w_i\left|dG_i - \frac{1}{S}\sum_{i=1}^{S} dG_i\right| + \frac{1}{S}\sum_{i=1}^{S} dG_i} \tag{3-16}$$

式中，S 为物种数；w_i 为物种 i 的相对丰度；dG_i 为物种 i 到功能空间重心的欧氏距离。

$$FD_Q = \sum_{i=1}^{S}\sum_{j>1}^{S} d_{ij} w_i w_j$$

式中，S 为物种数，d_{ij} 为物种 i 与物种 j 间的欧氏距离，w_i 和 w_j 分别为物种 i 和物种 j 的相对多度。

（四）数据分析

数据分析方法：采用 Excel 2019、SPSS 25.0、R4.1.3 软件进行数据处理、统计分析和制图。满足正态分布及方差齐性，采用单因素方差分析（one-way ANOVA），揭示不同放牧强度下的叶片干重、叶片含水量、叶面积、比叶面积、叶片氮含量、叶片磷含量、叶片 C/N、叶片 N/P、地上生物量、物种多样性和功能多样性的变化及其对停止放牧的响应；利用 Duncan 法进行平均值之间的多重比较，不满足正态分布及方差齐性进行非参数检验，比较各性状在不同放牧强度下及停止放牧后响应的显著性变化；利用双因素分析比较和分析放牧强度和物种差异对植物功能性状的影响；对性状间的关系作线性回归分析；对地上生物量、物种多样性和功能多样性作斯皮尔曼相关性分析。显著性水平设为 $P<0.05$，极显著性水平设为 $P<0.01$。

二、长期放牧和停牧恢复对优势植物功能性状的影响

（一）优势植物的选择

6 种优势植物的相对生物量随放牧强度的增加整体呈减小趋势。对照组 G0.00 有最大相对生物量（73.65%），极重度放牧 G0.92 相对生物量最小（41.37%，见图 3-43A）。羊草的相对生物量随放牧强度的增加而减小；糙隐子草及细叶白头翁的相对生物量随放牧强度的增加而增大；日阴菅和裂叶蒿的相对生物量在中度放牧时最大；斜茎黄芪的相对生物量在中度及重度放牧高于对照和轻度放牧。停止放牧后，重度放牧样地 6 种优势植物的相

对生物量恢复明显，较放牧增加了 11.93%，但没有改变总体相对生物量随放牧强度增加而减小的变化趋势（见图 3-43B）。各物种相对生物量停牧恢复的整体变化趋势与放牧条件下基本一致，并在 G0.23（轻度放牧）和 G0.69（重度放牧）停牧大于放牧。

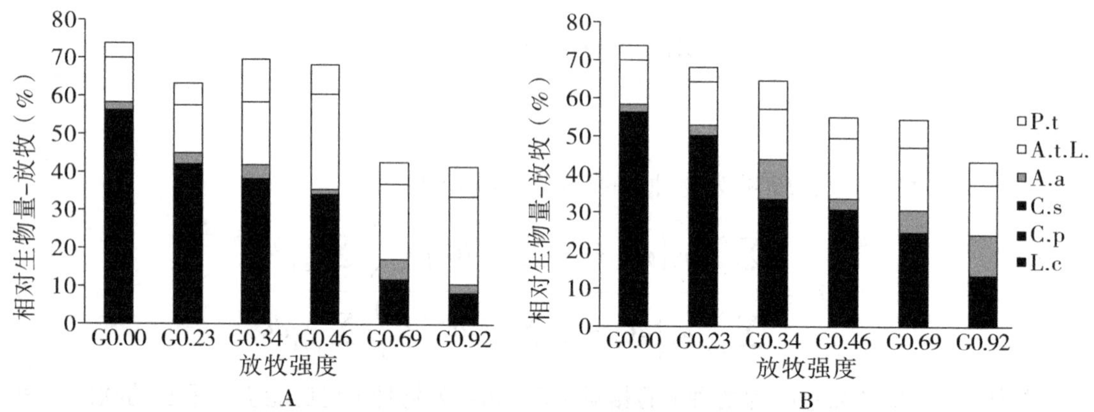

图 3-43　优势植物的相对生物量变化

注：A、B 分别是 6 种优势植物不同放牧强度下的相对生物量、停止放牧后的相对生物量，P. t、A. t. L.、A. a、C. s、C. p、L. c 分别代表细叶白头翁、裂叶蒿、斜茎黄芪、糙隐子草、日阴菅、羊草。

6 种优势植物的重要值整体随放牧强度增加而减小。对照组的重要值最大（62.74%），极重度放牧 G0.92 重要值最小（37.04%，见图 3-44A）。羊草的重要值随放牧强度的增加而减小；日阴菅的重要值随放牧强度的增加先减再增再减；糙隐子草、斜茎黄芪和裂叶蒿的重要值随放牧强度的增加而增大；细叶白头翁的重要值随放牧强度增加变化比较平缓，在中度放牧时值最大。停止放牧后，重度放牧样地 6 种优势植物的重要值恢复比较明显，较放牧增加了 6.34%，但是没有改变总体相对生物量随放牧强度增长而下降的整体趋势（见图 3-44B）。各物种重要值停牧恢复的整体变化趋势与放牧条件下基本一致，并在 G0.23（轻度放牧）和 G0.69（重度放牧）时停牧大于放牧。

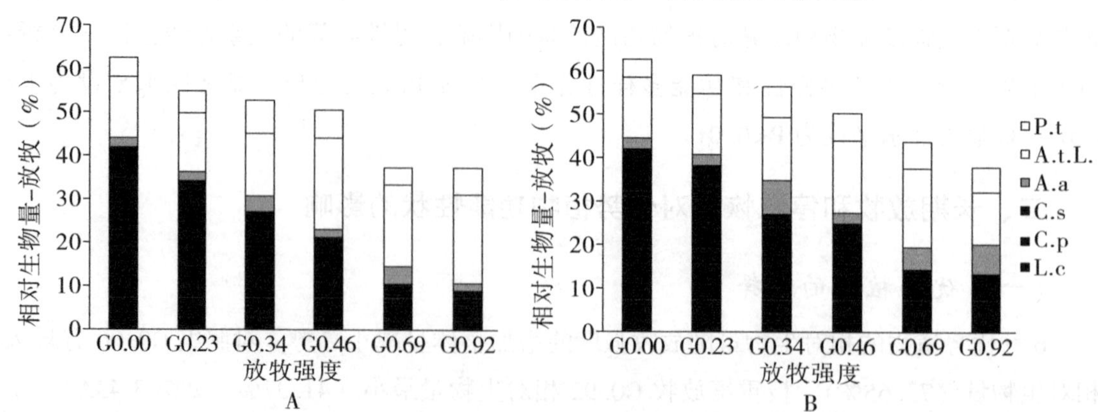

图 3-44　优势植物的重要值的变化

注：A、B 分别是 6 种优势植物不同放牧强度下的重要值、停止放牧后的重要值，P. t、A. t. L.、A. a、C. s、C. p、L. c 分别代表细叶白头翁、裂叶蒿、斜茎黄芪、糙隐子草、日阴菅、羊草。

（二）不同放牧强度对优势植物功能性状的影响

6 种关键物种的叶片干重随放牧强度的增加整体呈减小趋势，羊草、日阴菅、糙隐子草、斜茎黄芪和裂叶蒿在不同放牧梯度下有显著差异（P<0. 05），细叶白头翁无明显差异（见图 3-45A）。叶片含水量和比叶面积都随放牧强度增加整体呈增大趋势，糙隐子草、裂叶蒿的叶片含水量在不同放牧梯度下有显著差异（P<0. 05），羊草、日阴菅、斜茎黄芪、细叶白头翁无明显差异（见图 3-45B）。羊草、日阴菅、糙隐子草、细叶白头翁的比叶面积在不同放牧强度下有显著差异（P<0. 05），斜茎黄芪、裂叶蒿无明显差异（见图 3-45D）。叶面积随放牧强度的增加变化不一，羊草、日阴菅、糙隐子草、斜茎黄芪、细叶白头翁随放牧强度增加整体呈减小趋势，裂叶蒿整体呈增大趋势，羊草、日阴菅、糙隐子草在不同放牧强度下有显著差异（P<0. 05），斜茎黄芪、裂叶蒿、细叶白头翁无明显差异（见图 3-45C）。

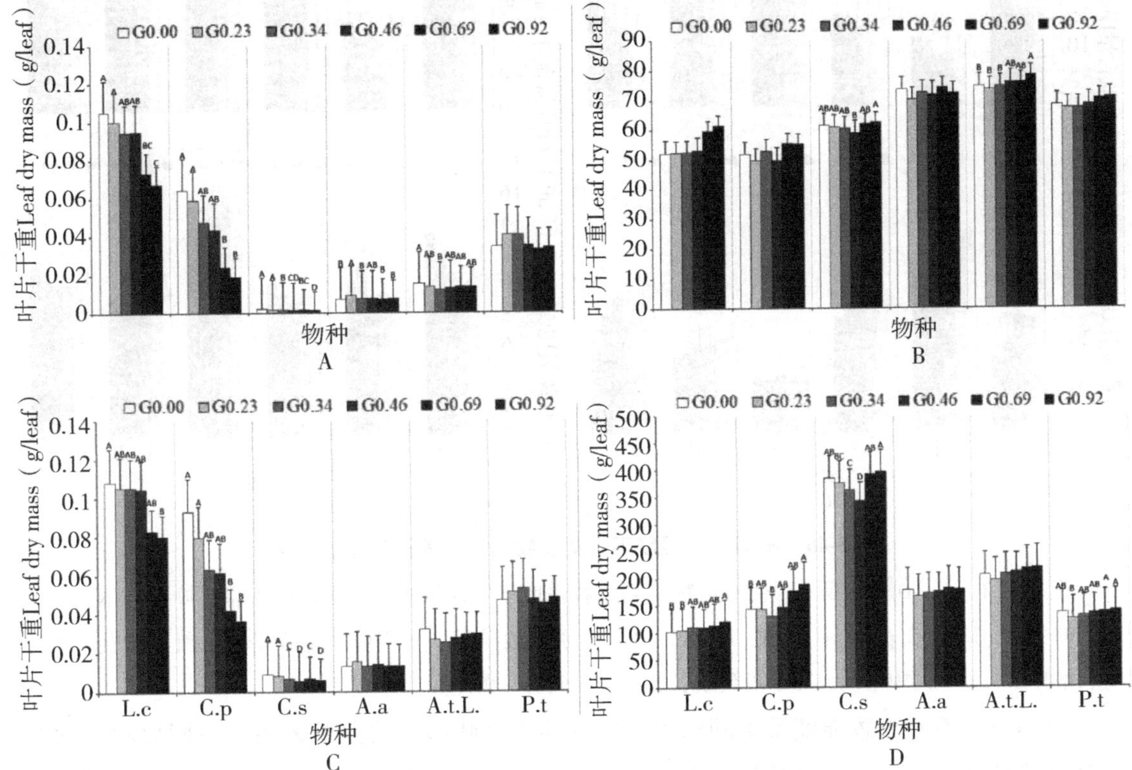

图 3-45　不同放牧强度下优势植物的叶片形态学性状的变化

注：A、B、C、D 分别是 6 种优势植物不同放牧强度下叶片干重、叶片含水量、叶面积、比叶面积的变化，L. c、C. p、C. s、A. a、A. t. L. 、P.　t 分别代表羊草、日阴菅、糙隐子草、斜茎黄芪、裂叶蒿、细叶白头翁。图中不同大写字母代表各放牧强度间有显著差异。

6 种关键物种的叶片氮含量随放牧强度的增加整体呈增大趋势。羊草在不同放牧强度下有显著差异（P<0. 05），日阴菅、糙隐子草、斜茎黄芪、裂叶蒿、细叶白头翁无明显差

异（见图 3-46A）。叶片 C/N 随放牧强度的增加整体呈减小趋势，羊草在不同放牧强度下有显著差异（P<0.05），日阴菅、糙隐子草、斜茎黄芪、裂叶蒿、细叶白头翁无明显差异（见图 3-46C）。叶片磷含量和叶片 N/P 随放牧强度的增加表现出不一致的变化趋势。叶片磷含量在不同放牧强度下除羊草外都有显著差异（P<0.05），羊草、日阴菅、斜茎黄芪、裂叶蒿、细叶白头翁的叶片磷含量都呈增大趋势，糙隐子草呈略减小趋势（见图 3-46B）。羊草、日阴菅、糙隐子草、细叶白头翁的叶片 N/P 整体随放牧强度增大呈增大趋势，斜茎黄芪、裂叶蒿呈减小趋势，叶片 N/P 在不同放牧强度下都无明显差异（见图 3-46D）。

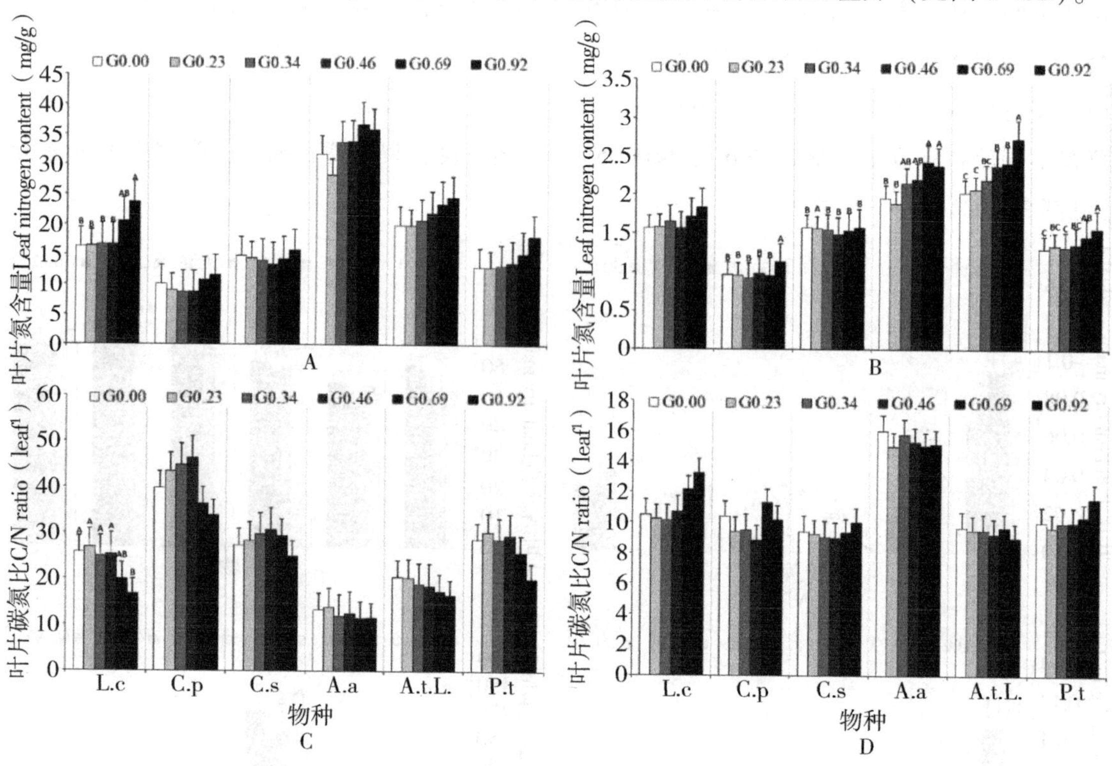

图 3-46　不同放牧强度下优势植物的叶片养分特征的变化

注：A、B、C、D 分别是 6 种优势植物不同放牧强度下叶片氮含量、叶片磷含量、叶片 C/N、叶片 N/P 的变化，L.c、C.p、C.s、A.a、A.t.L.、P.t 分别代表羊草、日阴菅、糙隐子草、斜茎黄芪、裂叶蒿、细叶白头翁。图中不同大写字母代表各放牧强度间有显著差异。

草甸草原不同放牧强度及不同物种对叶片功能性状影响的分析表明，不同放牧强度对叶片功能性状影响不一，对叶片干重、叶片含水量、叶面积、比叶面积、叶片氮含量、叶片磷含量、叶片 C/N 有极显著影响（P<0.05），对叶片 N/P 无显著影响（P<0.05）。不同物种的叶片干重、叶片含水量、叶面积、比叶面积、叶片氮含量、叶片磷含量、叶片 C/N、叶片 N/P 有极显著差异（P<0.01）。放牧强度和物种的交互作用对叶片干重、叶面积、叶片磷含量有显著影响（P<0.05）。

三、优势植物叶片功能性状对停牧恢复的响应

6 种优势植物的叶片形态学性状对停止放牧后的响应如图 3-47 所示，各个物种的性状响应不一致。叶片干重、叶片含水量和叶面积的响应的整体趋势为正响应。裂叶蒿和细叶白头翁的叶片干重在停止放牧后的 5 个放牧强度间有显著差异（P<0. 05），其余无显著差异，羊草、糙隐子草在 G0. 23 时为负响应，其余为正响应且在 G0. 92 最大，较放牧分别增大了 19. 80%和 44. 76%，日阴菅都为正响应且在 G0. 46 最大，为 39. 10%，斜茎黄芪在 G0. 23、G0. 34、G0. 69 为正响应，在 G0. 69 这一放牧强度下增长最多为 15. 11%，其余为负响应，裂叶蒿在轻中度放牧下为正响应且在 G0. 46 较放牧增长最多，增长了 11. 67%。在重度放牧为负响应，细叶白头翁相反，在轻中度放牧为负响应，在中重度放牧为正响应且在 G0. 69 较放牧有最大增长，为 52. 65%（见图 3-47A）。6 种物种的叶片含水量在 5 个放牧强度间都无显著差异，羊草在 5 个放牧强度下均为正响应，在 G0. 46 增长最多为 6. 53%，日阴菅、糙隐子草、斜茎黄芪仅在 G0. 34 时为负响应，其余均为正响应且日阴菅和糙隐子草在 G0. 46、斜茎黄芪在 G0. 92 有最大增长值，分别为 8. 63%、4. 16%和 3. 90%，裂叶蒿在轻中、极重度放牧为负响应，在中重度放牧为正响应且在 G0. 69 最大增长了 2. 36%，细叶白头翁在轻重度放牧为负响应，其余为正响应并在 G0. 34 较放牧增长最多，增长了 1. 59%（见图 3-47B）。

羊草、糙隐子草、裂叶蒿和细叶白头翁的叶面积在停止放牧后的 5 个放牧强度间有显著差异（P<0. 05），其余无显著差异，羊草、细叶白头翁在轻中度放牧为负响应，其余三个放牧强度为正响应并分别在 G0. 92 和 G0. 69 较放牧增长最多，为 18. 89%和 46. 92%，日阴菅 5 个放牧强度都为正响应，在 G0. 69 较放牧增长最大，为 49. 72%，糙隐子草轻度放牧为负响应，响应极小，其余 4 个放牧强度为正响应且在中度放牧（G0. 46）有最大增长，为 53. 25%，斜茎黄芪在 G0. 23、G0. 34、G0. 69 为正响应且在 G0. 69 最大增长了 29. 15%，其余为负响应，裂叶蒿轻中度放牧为正响应，在重度放牧为负响应（见图 3-47C）。比叶面积在 5 个放牧强度间都无显著差异且响应变化不一，但整体呈正响应居多。羊草、裂叶蒿的比叶面积轻中度放牧为负响应，在其余 3 个放牧强度下呈正响应并分别在 G0. 69 和 G0. 46 时较放牧最大增长了 5. 31%和 2. 98%，日阴菅在 G0. 23、G0. 92 为负响应，其他 3 个放牧强度下为正响应，在 G0. 34 最大增加了 11. 18%，糙隐子草极重度放牧为负响应，其余为正响应并在 G0. 46 最大增加了 11. 43%，斜茎黄芪都为正响应且在 G0. 69 较放牧增长最多，为 12. 82%，细叶白头翁除轻度放牧外都为负响应，轻度放牧增加了 0. 33%（见图 3-47D）。禾草类植物的形态学性状响应变化幅度高于杂类草。

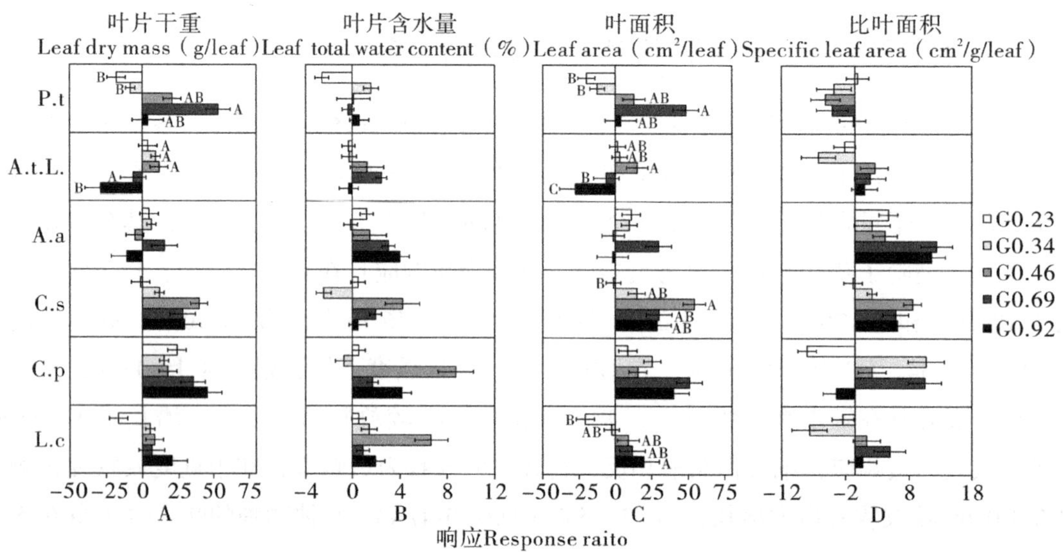

图 3-47　优势植物的叶片形态学性状对停止放牧后的响应

注：A、B、C、D 分别是 6 种优势植物的叶片干重、叶片含水量、叶面积和比叶面积对停止放牧后的恢复响应，P. t、A. t. L.、A. a、C. s、C. p、L. c 分别代表细叶白头翁、裂叶蒿、斜茎黄芪、糙隐子草、日阴菅、羊草。图中不同大写字母代表各放牧强度间有显著差异。

6 种优势植物的叶片养分特征对停止放牧后的响应如图 3-48 所示，各个物种的养分特征没有一致的响应。叶片氮含量、叶片磷含量的响应的整体趋势为负响应，6 种物种的叶片氮含量在停止放牧后的 5 个放牧强度间都无显著差异，羊草在 G0. 23 和 G0. 46 为正响应并在 G0. 46 较放牧增长最多，为 1. 83%，其余 3 个放牧强度为负响应，日阴菅在 5 个放牧强度下都为正响应并在 G0. 46 最大增加了 23. 27%，糙隐子草在 G0. 34、G0. 92 为负响应，其余为正响应且在 G0. 69 有最大增长，为 10. 23%，斜茎黄芪、裂叶蒿都为负响应，细叶白头翁轻中度、极重度放牧为负响应，在中重度放牧为正响应并在 G0. 46 最大增加了 1. 81%（见图 3-48A）。日阴菅的叶片磷含量在停止放牧后的 5 个放牧强度间有显著差异（$P<0.05$），其余物种都无显著差异，羊草、斜茎黄芪、裂叶蒿、细叶白头翁在 5 个放牧强度下均为负响应，日阴菅、糙隐子草分别在 G0. 34 和 G0. 46 为正响应，较放牧分别增长 3. 69%和 0. 08%，其余均为负响应（见图 3-48B）。

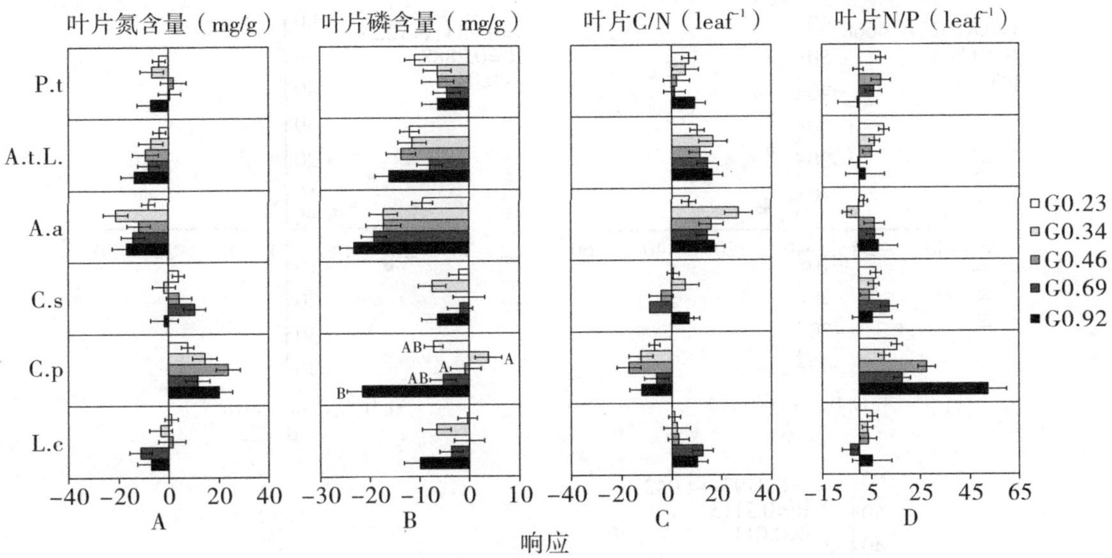

图 3-48　优势植物的叶片养分特征对停止放牧后的响应

注：A、B、C、D 分别是 6 种优势植物的叶片氮含量、叶片磷含量、叶片 C/N 和叶片 N/P 对停止放牧后的恢复响应，P. t、A. t. L.、A. a、C. s、C. p、L. c 分别代表细叶白头翁、裂叶蒿、斜茎黄芪、糙隐子草、日阴菅、羊草。图中不同大写字母代表各放牧强度间有显著差异。

6 种物种的叶片 C/N、叶片 N/P 在停止放牧后的 5 个放牧强度间都无显著差异，且叶片 C/N、叶片 N/P 的响应整体趋势为正响应，羊草、斜茎黄芪、裂叶蒿、细叶白头翁的叶片 C/N 在 5 个放牧强度下都为正响应，与放牧相比，分别在 G0. 69、G0. 34、G0. 34、G0. 92 最大增长 12. 33%、26. 90%、16. 53%、9. 01%，日阴菅在 5 个放牧强度下都为负响应，糙隐子草轻中度、极重度放牧为正响应并在 G0. 92 最大增长 6. 77%，中重度放牧为负响应（见图 3-48C）。羊草、裂叶蒿的叶片 N/P 在重度放牧为负响应，其余都呈正响应并分别在 G0. 23 和 G0. 46 有最大增加，为 5. 11%和 8. 94%，日阴菅、糙隐子草在 5 个放牧强度下都为正响应，分别在 G0. 46 和 G0. 69 较放牧最大增加了 27. 53%和 12. 49%，斜茎黄芪除轻中度放牧都为正响应，且在重度放牧下最大增加了 7. 49%；细叶白头翁在 G0. 34、G0. 92 为负响应，其余都为正响应，并在 G0. 46 增加最多，为 8. 94%（见图 3-48D）。杂类草植物的养分特征响应变化幅度高于禾草类。

停止放牧后，6 种关键物种的叶片干重随叶面积（$P<0.01$）、叶片氮含量（$P<0.01$）和叶片 N/P（$P=0.011$）的增加而增加（见图 3-49）。6 种关键物种的不同功能性状在放牧和停牧后的关系不一致，叶片磷含量在放牧和停牧后有显著差别（$P<0.05$），叶片干重、叶面积杂类草植物停牧恢复大于长期放牧（见图 3-50A、B），叶片氮含量、叶片磷含量杂类草植物长期放牧大于停牧恢复（见图 3-50C、D），叶片 C/N 禾本科植物长期放牧大于停牧恢复，杂类草植物停牧恢复大于长期放牧（见图 3-50E），叶片 N/P 无明显一致响应，斜茎黄芪长期放牧大于停牧恢复，裂叶蒿和糙隐子草停牧恢复大于长期放牧（见图 3-50F）。

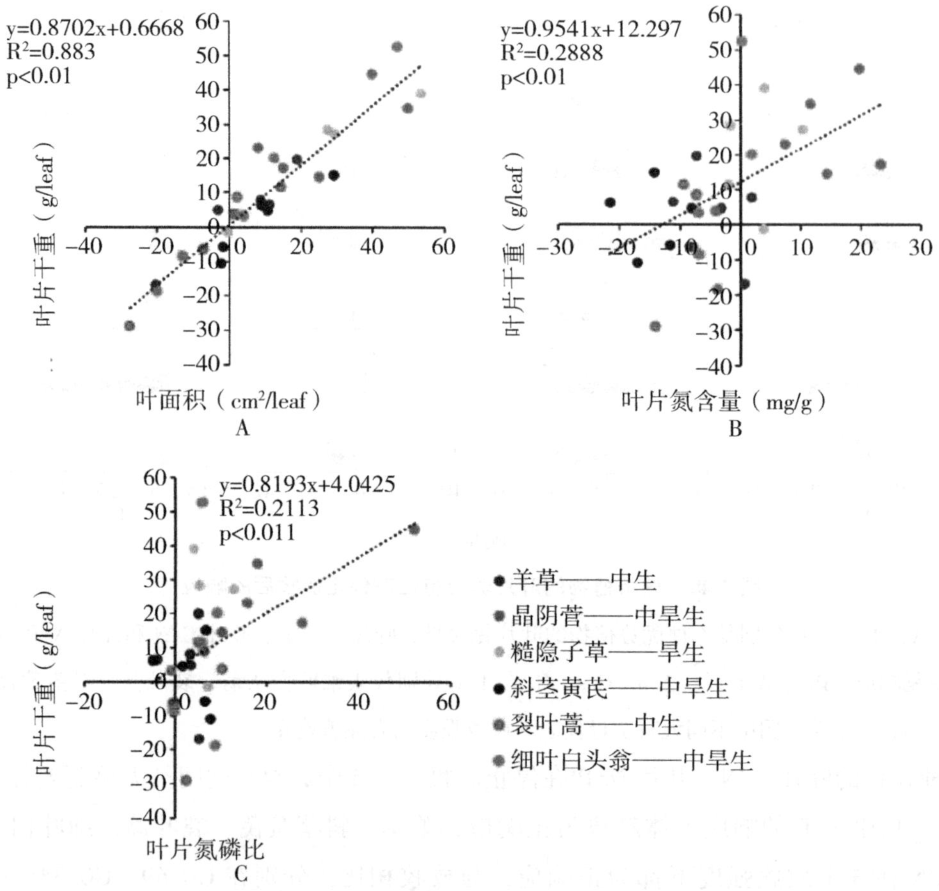

图 3-49　关键物种的叶片性状停牧恢复的响应间的关系

注：A、B、C 分别表示 6 种关键物种叶面积-叶片干重、叶片氮含量-叶片干重、叶片 N/P-叶片干重间的关系。

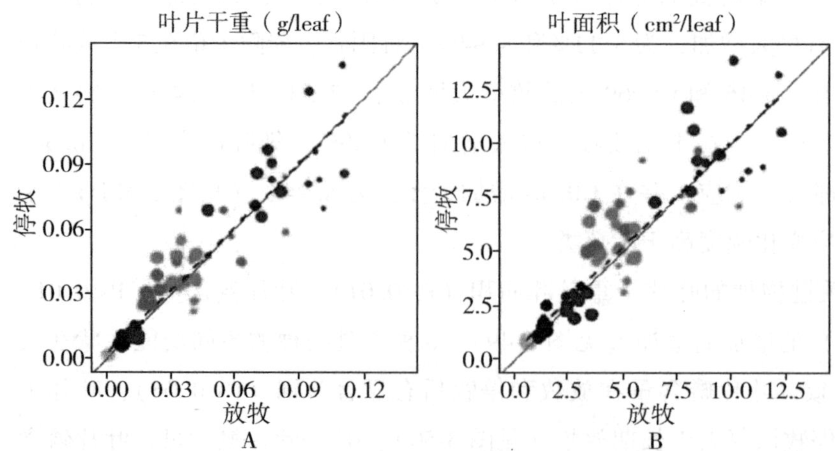

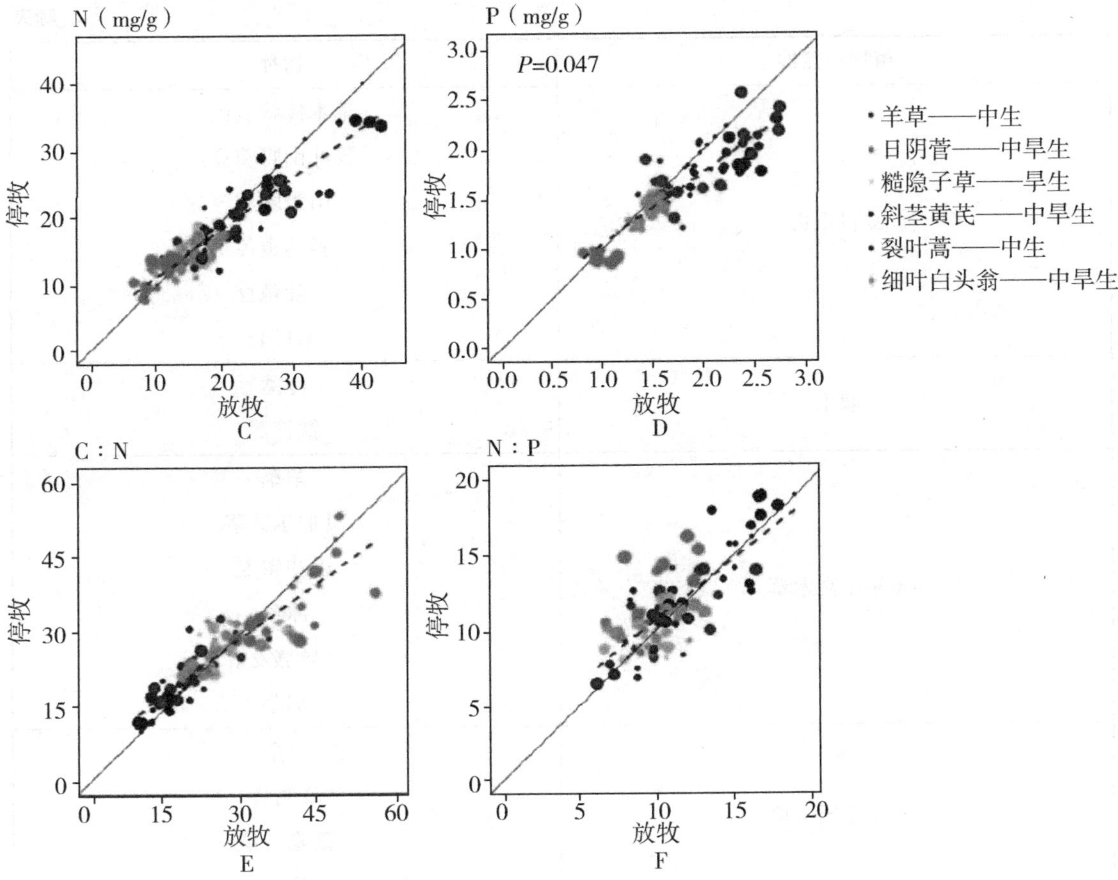

图 3-50　关键物种的不同叶片性状间放牧和停牧的关系

注：图中深浅变化代表不同物种，点的大小由小到大代表放牧强度由轻度到重度。

四、主要植物类群功能性状对长期放牧和停牧恢复的响应

（一）主要植物类群

对放牧区和停牧区测得植物功能性状的群落植物物种，按其植物生活型、形态特征、生活史和适口性进行划分，分为 8 个植物功能群：百合科（4 种），豆科（6 种），灌木（2 种），多年生高禾草（6 种），多年生矮禾草（4 种），多年生高杂草（12 种），多年生矮杂草（10 种），一年生、二年生植物（3 种），共 47 个物种，如表 3-4 所示。

表 3-4　样地主要植物类群分类及植物功能群物种组成

植物功能群	物种
百合科草本	囊花鸢尾
	细叶葱
	双齿葱
	野韭

续表

植物功能群	物种
豆科植物	草木樨状黄芪
	狭叶山野豌豆
	山野豌豆
	斜茎黄芪
	多叶棘豆
	米口袋
灌木	冷蒿
	铁杆蒿
多年生高禾草	羊草
	贝加尔针茅
	无芒雀麦
	冰草
	异燕麦
	羽茅
多年生矮禾草	苔草
	日阴菅
	糙隐子草
	洽草
多年生高杂草	展枝唐松草
	裂叶蒿
	麻花头
	奈何天狭叶青蒿
	狭叶柴胡
	蓬子菜
	狭叶沙参
	狗舌草
	棉团铁线莲
	多裂叶荆芥
	防风
	地榆

续表

植物功能群	物种
多年生矮杂草	细叶白头翁 阿尔泰狗娃花 达乌里芯巴 二裂委陵菜 星毛委陵菜 鸦葱 石竹 蒲公英 菊叶委陵菜 裂叶堇菜
一年生、二年生植物	抱茎苦荬菜 鳞叶龙胆 平车前

（二）不同放牧强度对主要植物类群功能性状的影响

8个植物功能类群叶片干重和叶面积，随放牧强度的增加在4个放牧强度的变化较为一致，百合科草本、多年生高杂草、多年生矮杂草、一年生、两年生植物都在G0.46（中度放牧）大于G0.23（轻度放牧）和G0.92（重度放牧）。多年生高禾草和多年生矮禾草随放牧强度的增加而减小，灌木在G0.23这一放牧强度的值最大，豆科植物在中度放牧最小，多年生高禾草的叶片干重和叶面积及多年生高杂草的叶片干重在4个放牧强度上有显著差异（$P<0.05$），其余7个植物功能群均无显著性差异（见图3-51A、C）；各植物功能类群的叶片含水量随放牧强度的增加整体呈增大趋势，但在4个放牧强度间都无显著差异，百合科草本、豆科植物和多年生高禾草在G0.23这一放牧强度的值最大，灌木、多年生高杂草、多年生矮禾草和多年生矮杂草均在G0.46这一放牧强度呈最大值，一年生、两年生植物在中度放牧G0.46呈最小值（见图3-51D）；8个植物功能类群的比叶面积随放牧强度表现为不一致的变化趋势，百合科草本、多年生高禾草、多年生矮禾草、多年生矮杂草和一年生、两年生植物都随放牧强度增加呈增大趋势，豆科植物、灌木和多年生高杂草呈减小趋势，各植物功能类群在4个放牧强度间无显著差异（见图3-51D）。

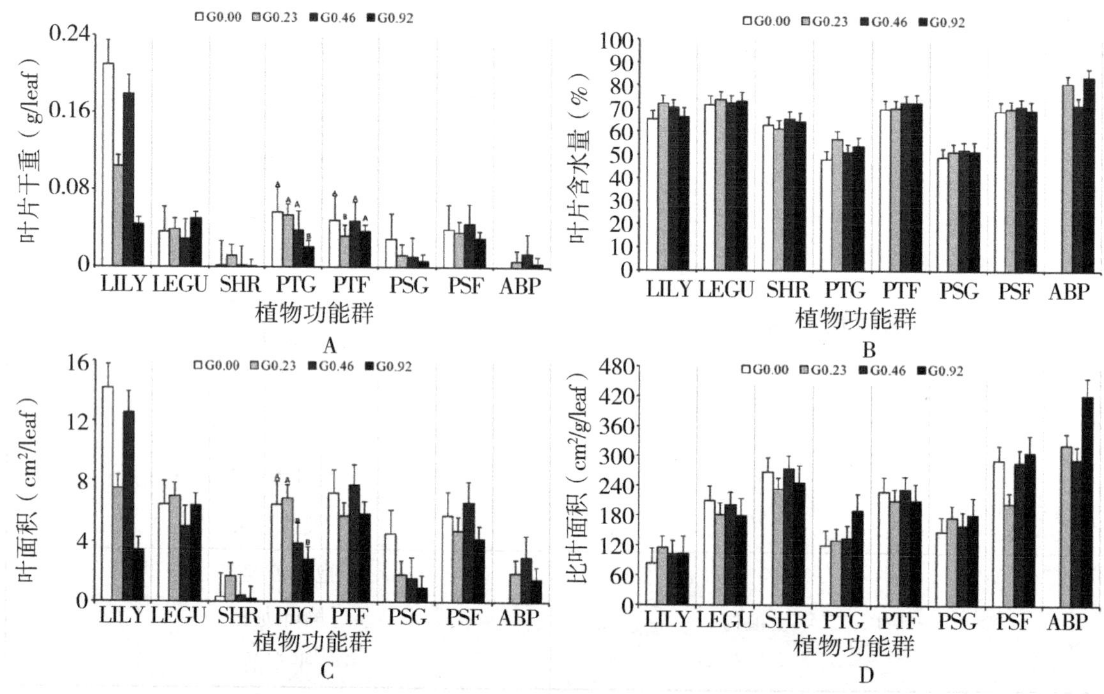

图 3-51 不同放牧强度下植物功能群的叶片形态学性状的变化

注：A、B、C、D 分别是 8 个植物功能群不同放牧强度下叶片干重、叶片含水量、叶面积、比叶面积的变化，LILY、LEGU、SHR、PTG、PTF、PSG、PSF、ABP 分别代表百合科草本、豆科植物、灌木、多年生高禾草、多年生高杂草、多年生矮禾草、多年生矮杂草、一年生/二年生植物。图中不同大写字母代表各放牧强度间有显著差异。

8 个植物功能群的叶片氮含量随放牧强度的增加大多呈增大趋势，百合科植物、多年生高禾草、多年生高杂草和多年生矮禾草都随放牧强度的增加而增大，豆科植物和多年生矮杂草随放牧强度的增加先减后增加，在轻度放牧最小，灌木和一年生/二年生植物随放牧强度增加而减小，除多年生高杂草（P<0. 05）外的 7 个植物功能类群在 4 个放牧强度间均无显著差异（见图 3-52A）；叶片 C/N 的变化与叶片氮含量相反，百合科植物、多年生高杂草和多年生矮禾草随放牧强度的增加而减小，豆科植物、多年生高禾草和多年生矮杂草随放牧强度的增加先增后减少，在轻度放牧最大，灌木和一年生/二年生植物整体随放牧强度增加而增大，多年生高禾草、多年生高杂草、多年生矮禾草和一年生/二年生植物在不同放牧强度间有显著差异（P<0. 05），百合科草本、豆科植物、灌木和多年生矮杂草无显著差异（见图 3-52C）；叶片磷含量和叶片 N/P 随放牧强度的增加表现出不一致的变化趋势，多年生高禾草、多年生高杂草、多年生矮禾草和多年生矮杂草的叶片磷含量在 G0. 23～G0. 92 的放牧强度下最低，百合科草本和豆科植物随放牧强度先增后减，在中度放牧最大，灌木和一年生、二年生植物在轻度放牧—重度放牧随放牧强度增加而减小，除百合科草本（P<0. 05）外的 7 个植物功能类群在 4 个放牧强度间均无显著差异（见图 3-52B）；百合科草本和灌木的叶片 N/P 随放牧强度先减后增，在 G0. 46 这一放牧强度最低，

豆科植物、多年生矮杂草和一年生、二年生植物在轻度放牧—重度放牧 G0. 46 这一放牧强度最高，多年生高禾草、多年生高杂草和多年生矮禾草都随放牧强度先减后增，并在轻度放牧最小。百合科草本、灌木和多年生矮杂草在 4 个放牧强度间有显著差异，豆科植物、多年生高禾草、多年生高杂草和一年生、二年生植物无显著差异（见图 3-52D）。

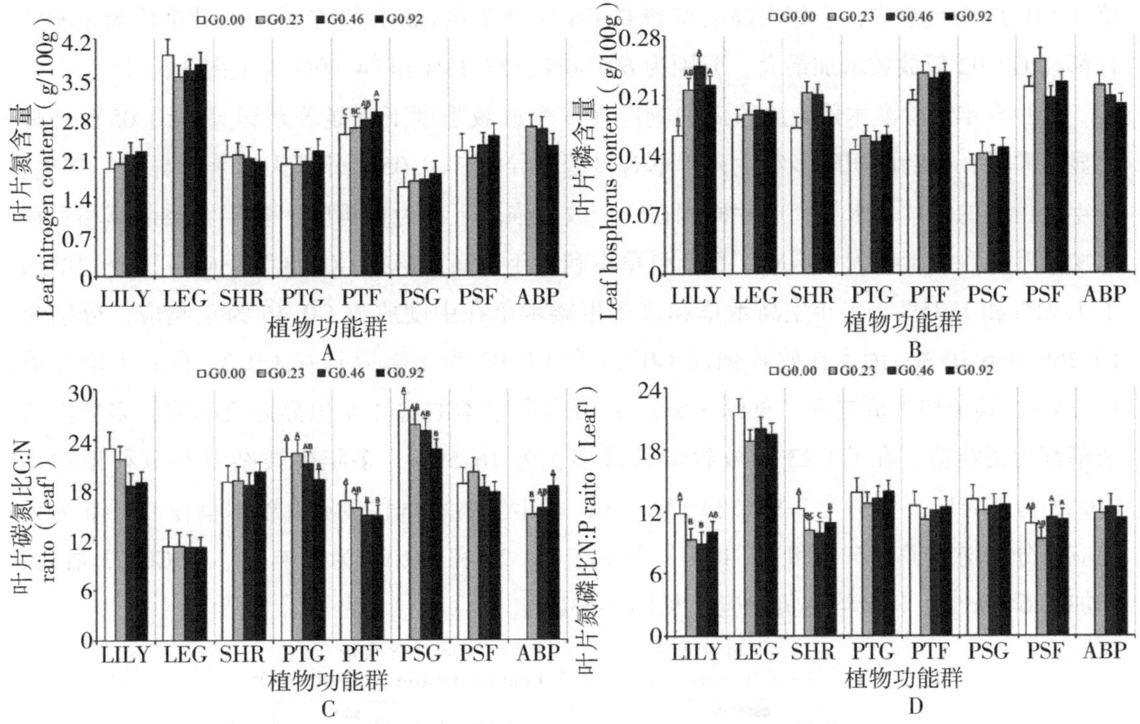

图 3-52 不同放牧强度下植物功能群的叶片养分特征的变化

注：A、B、C、D 分别是 8 个植物功能群不同放牧强度下叶片氮含量、叶片磷含量、叶片 C/N、叶片 N/P 的变化，LILY、LEGU、SHR、PTG、PTF、PSG、PSF、ABP 分别代表百合科草本、豆科植物、灌木、多年生高禾草、多年生高杂草、多年生矮禾草、多年生矮杂草、一年生/二年生植物。图中不同大写字母代表各放牧强度间有显著差异。

（三）主要植物功能类群性状对停牧恢复的响应

8 个植物功能类群的叶片形态学性状对停止放牧两年后的响应如图 3-53 所示，植物功能群的叶片形态学性状整体没有一致的响应。叶片干重和叶面积的响应整体为正响应，叶片含水量和比叶面积负响应多于正响应。灌木和多年生矮杂草的叶片干重和叶面积在停止放牧后的响应在 3 个放牧强度间有显著差异（P<0. 05），其余功能群无显著差异。百合类草本和多年生矮禾草的叶片干重和叶面积在 3 个放牧强度下都为正响应，前者叶片干重和叶面积都在 G0. 92 较放牧增长最多，分别为 605. 64%和 337. 65%，后者的叶片干重在 G0. 92、叶面积在 G0. 46 最大增加了 107. 25%和 79. 27%，豆科植物、多年生高禾草的叶片干重都为正响应并在 G0. 92 增加最多，分别为 55. 01%和 130. 95%，灌木在 G0. 23 为负响应，多年生高杂草和多年生矮杂草在中度放牧为负响应，一年生、二年生植物在轻、中

度放牧为负响应，其余都为正响应，除灌木在 G0.46 为 327.13%，其余都在 G0.92 较放牧增长最多，分别为 36.58%、84.80%、196.79%（见图 3-53A）；灌木的叶面积在 3 个放牧强度停止放牧后都为正响应并在 G0.46 增长最多，为 165.19%，豆科植物和一年生、二年生植物在轻、中度放牧为负响应，分别在 G0.92 增加了 337.65%和 55.52%，多年生高禾草在 G0.23 为负响应，多年生高杂草和多年生矮杂草在 G0.46 为负响应，其余均为正响应且都在 G0.92 较放牧增加最大，分别为 69.80%、33.18%和 94.89%（见图 3-53C）。

叶片含水量除灌木停止放牧后的响应在 3 个放牧强度下有显著差异（$P<0.05$）外都无显著差异，比叶面积除多年生高禾草有显著差异（$P<0.05$）外都无显著差异。一年生、二年生植物的叶片含水量和比叶面积在 3 个放牧强度下都为负响应，多年生矮杂草和豆科植物的叶片含水量都为负响应，百合科草本和多年生高杂草在 G0.23 为正响应，分别增加了 1.71%和 1.45%，多年生高禾草和多年生矮禾草在中度放牧 G0.46 为正响应，分别为 10.26%和 6.05%，灌木在放牧强度 G0.23 和 G0.92 为正响应且在 G0.23 有最大增加值 17.18%，其余均为负响应（见图 3-53B）；百合科草本的比叶面积都为负响应，多年生高杂草都为正响应，在 G0.23 较放牧增长最多，为 16.59%，多年生矮杂草和豆科植物在 G0.23 为正响应，分别为 7.96%和 13.73%，多年生高禾草和多年生矮禾草在 G0.46 为正响应，分别增加了 7.59%和 19.40%，灌木在 G0.23 和 G0.92 为正响应，在 G0.23 最大，增加了 64.86%，其余均为负响应（见图 3-53D）。

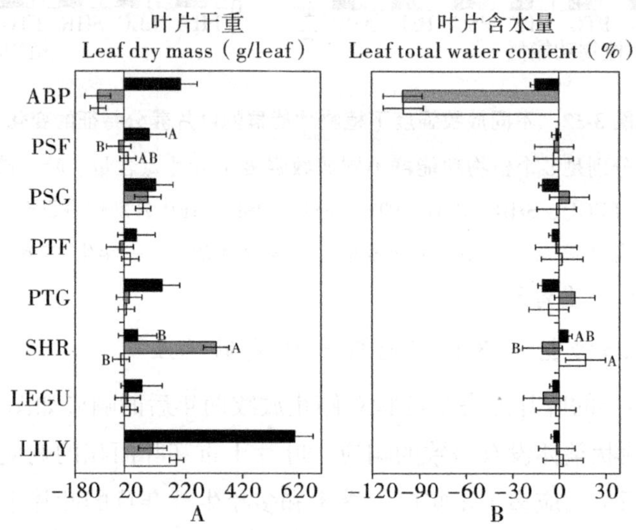

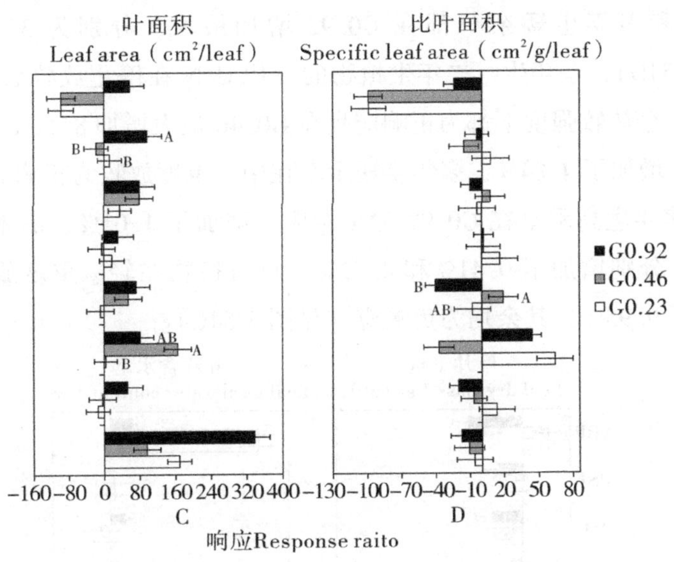

图 3-53　植物功能类群的叶片形态学性状对停止放牧两年后的响应

注：A、B、C、D 分别是 8 个植物功能群的叶片干重、叶片含水量、叶面积和比叶面积对停止放牧后的恢复响应，ABP、PSF、PSG、PTF、PTG、SHR、LEGU、LILY 分别代表一年生、二年生植物、多年生矮杂草、多年生矮禾草、多年生高杂草、多年生高禾草、灌木、豆科植物、百合科草本。图中不同大写字母代表各放牧强度间有显著差异。

8 个植物功能类群的叶片养分特征对停止放牧 2 年后的响应如图 3-54 所示，植物功能群的叶片养分特征整体没有一致的响应。叶片磷含量除百合科草本停止放牧后的响应在 3 个放牧强度间有显著差异（$P<0.05$）外都无显著差异，其整体趋势为负响应，多年生矮禾草在 G0.46 为正响应，增加了 0.35%，多年生高禾草在轻、中度放牧为正响应且在 G0.46 较放牧有最大增长 7.71%，灌木在轻、重度放牧为正响应，在 G0.23 增长最大，为 5.07%，百合科草本在 G0.23 为正响应，增加了 7.70%，其余均为负响应（见图 3-54B）；停止放牧后叶片氮含量的响应在 3 个放牧强度间都无显著差异，多年生矮杂草和多年生高杂草在 3 个放牧强度下为负响应，灌木都为正响应并在 G0.46 较放牧增长最大，为 9.33%，多年生矮禾草、豆科植物和百合科草本在轻、中度放牧为正响应，前两者在 G0.46、后者在 G0.23 增长最多，分别增加了 1.28%、5.88%和 11.90%，一年生、二年生植物在 G0.92 为正响应，较放牧增加了 3.12%，多年生高禾草在中、重度放牧为正响应且在 G0.46 最大增长 1.44%，其余为负响应（见图 3-54A）。

停止放牧后的叶片 N/P 除百合科植物和灌木有显著差异（$P<0.05$）外和叶片 C/N 的响应在 3 个放牧强度间都无显著差异。叶片 N/P 对停止放牧后响应的整体趋势为正响应，一年生、二年生植物、多年生高禾草在轻、中度放牧与多年生高杂草在 G0.46 时为负响应，并都在 G0.92 较放牧增加最大，分别为 15.11%、17.68%和 7.19%，其余均为正响应，除多年生矮禾草在 G0.23 和灌木在 G0.46 分别最大增加了 7.39%和 24.02%，百合科

草本、豆科植物和多年生矮杂草都在 G0.92 增加最大，分别为 33.77%、15.51% 和 13.66%（见图 3-54D）；一年生、二年生植物的叶片 C/N 在停止放牧后的响应为负响应，多年生高杂草在 3 个放牧强度下都为正响应且在 G0.46 最大增加 8.12%，多年生矮杂草在 G0.23 为正响应，增加了 4.84%，多年生矮禾草在中、重度放牧为正响应且在 G0.92 最大增加了 4.34%，多年生高禾草在 G0.92 为正响应，增加了 1.01%，灌木和百合科草本在 G0.46 为正响应，分别增加了 0.41% 和 4.72%，豆科植物在轻、重度放牧为正响应且在 G0.23 最大增加了 9.95%，其余均为负响应（见图 3-54C）。

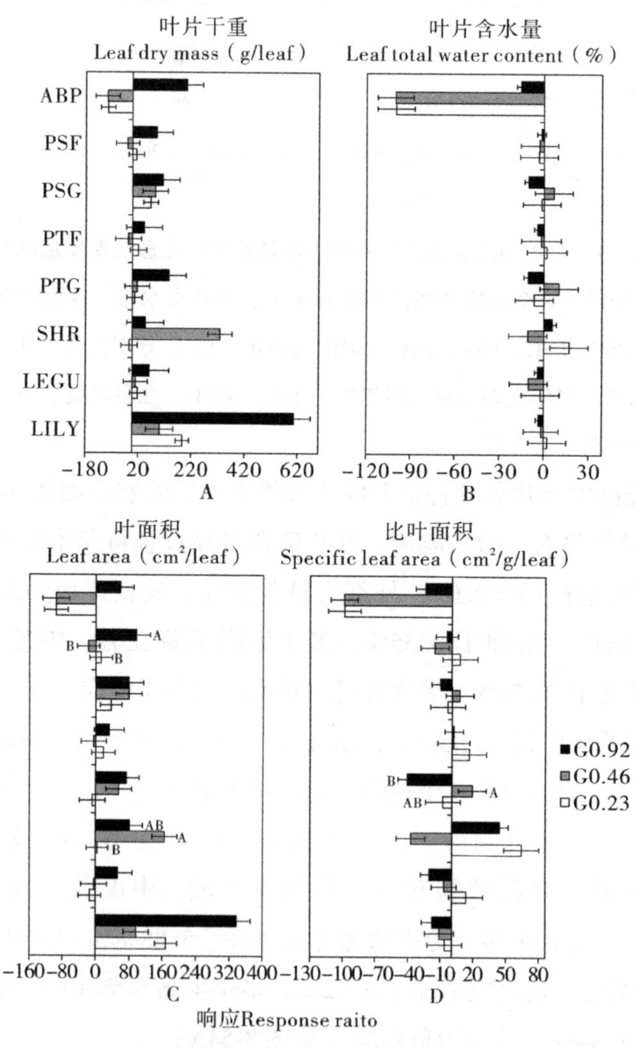

图 3-54 植物功能类群的叶片养分特征对停止放牧 2 年后的响应

注：A、B、C、D 分别是 8 个植物功能群的叶片氮含量、叶片磷含量、叶片 C/N 和叶片 N/P 对停止放牧后的恢复响应，ABP、PSF、PSG、PTF、PTG、SHR、LEGU、LILY 分别代表一年生、二年生植物、多年生矮杂草、多年生矮禾草、多年高杂草、多年生高禾草、灌木、豆科植物、百合科草本。图中不同大写字母代表各放牧强度间有显著差异。

第四章　氮磷添加对草原植物特征的影响

随着气候变化和人类活动的干扰，我国草地退化的形势仍然严峻，草原氮磷元素大量流失。该生态系统较为脆弱，对气候变化极其敏感，研究草原生态的变化具有积极影响。施肥是改良我国草原退化草地的主要措施，深入探究草原植物特征变化与氮磷添加的关联，了解各组分变化规律对揭示植物特征和稳定性，对保护生物多样性，维持草原生态系统功能以及可持续管理具有重要意义。

第一节　氮磷添加对草原植物特征的影响概述

荒漠草原是干旱、半干旱区生态系统的主体部分，草原生态系统中植被的繁衍、发育和生长以及草地生态系统生产力受养分限制较为突出，尤其是氮、磷等。氮的输入可以改善土壤氮缺乏的现状，促进植物的生长，同时还能增加土壤有机碳的输入，从而对生态系统碳循环产生积极影响。草地施肥可以通过改变土壤中有机碳、氮的含量来影响植物的生长，从而引起植物群落更迭，最终给草地带来新一轮的生命力。人类活动引起的大量、持续的氮输入在提高草地生态系统生产力、削弱氮限制的同时，不仅降低了生态系统的物种多样性和稳定性，还改变了氮在植物体内及植物-土壤间的周转。磷同样是控制植物生长发育的主要元素，且在生物系统中磷与氮是功能性耦合的。氮添加会提高土壤以及植物体内磷的活性，加快磷在陆地生态系统中的循环速率。此外，氮素添加能够显著提高植物组织氮磷比，改变两者的生态化学平衡，从而可能使草地生态系统由氮限制转向磷限制或氮、磷共同限制。目前，在草地生态系统中，合理的氮、磷添加是保护草原资源，维持草原生态系统营养平衡和恢复的一项重要措施。氮和磷的添加可以提高植被的总生物量，从而提高草原的生产力，且氮、磷共同添加对草地生态系统具有强烈的正协同效应，其对草地生产力的提高作用显著大于单施氮和磷。因此，开展氮、磷添加试验，不仅可以明确氮、磷供应对草原生态系统结构和功能的影响，还可以为草原植被应对日益变化的营养胁迫提供科学依据。

植物与环境之间的相互作用是生态学研究的核心内容之一。植物通过不断调节自身的生理、生态特性来适应环境的变化。分析植物随环境变化的规律，可为预测植物个体、群落以及生态系统的变化趋势奠定基础。植物功能性状是联系植物个体特征、群落结构以及生态系统功能很好的载体，是在长期的演替过程中随着环境变化形成的植物核心属性，对植物定植、存活、生长和死亡存在显著影响，并具有表征生态系统功能指示的作用。开展植物功能性状的研究对于探索植物生长策略、促进草地生产力的提高、优化生态系统功能和持续性发展及生态环境保护等具有重要意义。

一、相关研究进展

（一）氮、磷添加对植物功能性状的影响

植物性状是指影响植物生存生长、繁殖和最终适合度的植物属性，其中，能够反映生态系统功能的植物性状称为植物功能性状。植物功能性状与植物的环境适应性和生态系统结构与功能密切相关，环境变化影响植物功能性状的表达，植物功能性状影响生态系统的功能。植物功能性状决定植物生存、生长和繁殖，既能够对生态系统过程产生强烈影响，也能够反映生态系统对环境变化的响应过程。在气候、地形、土壤及干扰等环境因子改变后，植物能够改变自身功能性状，及时调整适应策略以抵抗环境的干扰，因此，植物功能性状具有很强的可塑性，能够起到良好的生态指示作用。研究植物功能性状能够深入了解植物在受到环境因素影响时的繁殖策略与扩散机制及群落的构建模式，在个体水平上可以揭示群落甚至更大尺度上的生态学问题，对于进一步研究植物生态系统功能具有重要意义。目前，植物功能性状的研究主要集中在叶性状、根性状，以及植物功能性状与生态系统之间的关系等领域。

氮、磷是植物生长最主要的限制元素，很多室内或室外控制实验研究了不同的养分添加对植物各功能性状的影响以及植物功能性状对养分添加的响应机制。

植物株高是影响植物光竞争、生长速率、种子传播等功能的重要性状。研究发现，氮供应增加显著提高了植物生长高度，但存在物种间差异。例如，赵新风等①对草原研究表明，猪毛菜对氮添加的响应并不敏感，认为一年生植物主要受水分的影响，施氮后草原的土壤得不到改善，反而更干旱，发挥不出养分效益。对形态性状描述使用最多的指标包括干物质含量、叶厚度、比叶面积。比叶面积反映叶片获取光照资源的能力，叶干物质含量反映植物叶片含水率情况（自然或饱和状态），叶厚度与植物叶细胞体积有关。早期的研究发现，随着环境中氮供应越高，比叶面积（SAL）越大。但也有研究发现，植物的形态性状对养分添加不太敏感。例如，黄菊莹等通过研究不同功能群植物对氮添加的响应，结果表明 SAL 不受氮水平和功能群的影响②。

---

① 赵新风，徐海量，张鹏，等．养分与水分添加对荒漠草地植物群落结构和物种多样性的影响［J］．植物生态学报，2014，38（2）：167-177.

② 黄菊莹，余海龙，袁志友，等．长期氮添加对典型草原几个物种叶片性状的影响［J］．生态学报，2012，32（5）：1419-1427.

尽管如此，也有研究表明植物形态特征对养分添加的响应可能受物种本身的影响或者其他环境条件的限制。例如，杨浩、罗亚晨①的研究发现，在干旱环境条件下的植物物种的叶形态特征对施肥和增水的交互作用都存在显著响应；万宏伟等②对内蒙古典型草原6种植物叶片功能性状的研究则发现，不同植物对同样的氮添加浓度的响应不一致，羊草、西伯利亚羽茅和冰草的比叶面积对氮供应非常敏感，而大针茅、黄囊苔草、糙隐子草的比叶面积与氮素添加梯度无显著相关。

叶化学性状（叶氮、叶磷），常被用于评价植物对环境养分吸收、利用状况的指标。氮和磷是植物生长发育所需营养物质最主要的合成元素，也是限制陆地植被生产力的重要因素。氮、磷添加后普遍被发现会提高植物叶片的氮、磷含量。研究发现，植物叶片氮含量对养分添加的响应存在物种间差异，例如，万宏伟等③对羊草群落6种植物功能特性的研究表明，羊草、大针茅、黄囊苔草以及糙隐子草的叶氮含量均随氮素添加梯度的增加而增加，而西伯利亚羽茅和冰草与氮素无相关关系。相对于叶片氮含量对环境中氮供应增加的明显效应外，尽管多数生态系统植物生长受磷缺乏的限制，但磷的供应增加不一定促进叶片磷含量。例如，王雪等④研究表明，氮和氮、磷的复合作用显著增加植物的叶片氮含量，而氮、磷以及氮+磷的复合作用对叶片磷都无影响。

植物根系作为植物体地下重要的组成部分，除了具有机械支撑的作用外，还是植物体与环境之间的连接桥梁。根系可以从土壤获取植物地上部分所需的水分和养分，承担着物质和能量的运输和转移的作用。植物根系在其生理生长中具有重要的作用，还对微生物土壤有着积极作用。

植物的细根在不同土壤环境中具有较强的可塑性，土壤有机碳和氮含量对植物细根生物量、直径和根长有着显著的影响⑤，磷添加对植物根系功能性状也有较大影响。植物根系表面积、直径、比根长和根组织密度作为根系重要的功能性状指标，直接影响根系吸收养分的能力。植物根系功能性状对土壤养分有效性敏感，但在不同物种间表现出很大的差异。根系直径与植物呼吸速率、吸收速率、组织化学和寿命等密切相关。根系直径越细，氮浓度越高，吸收速率和呼吸速率越高，寿命短，周转快。土壤氮、磷的变化对根系直径有着重要的影响。孙玥等调查施肥对10种温带草原植物的影响时发现，大多物种因磷含

① 杨浩，罗亚晨．糙隐子草功能性状对氮添加和干旱的响应［J］．植物生态学报，2015，39（1）：32-42.

② 万宏伟，杨阳，白世勤，等．羊草草原群落6种植物叶片功能特性对氮素添加的响应［J］．植物生态学报，2008（3）：611-621.

③ 万宏伟，杨阳，白世勤，等．羊草草原群落6种植物叶片功能特性对氮素添加的响应［J］．植物生态学报，2008（3）：611-621.

④ 王雪，雒文涛，庾强，等．半干旱典型草原养分添加对优势物种叶片氮磷及非结构性碳水化合物含量的影响［J］．生态学杂志，2014，33（7）：1795-1802.

⑤ 苏樑，杜虎，王华，等．喀斯特峰丛洼地不同植被恢复阶段优势种根系构型特征［J］．西北植物学报，2018，38（1）：150-157.

量低，从而降低了根直径，增加了比根长。引起根表面积变化的主要因素是分配给根系的生物量、比根长、根直径和根组织密度，表明氮、磷的添加显著影响了植物根系功能性状①。

（二）植物地上与地下功能性状的关系

关于植物叶片和根系各自功能性状的研究已有很多，但关于植物地上与地下部分之间联系的研究较少。植物叶片和根系可以通过化学元素之间的协调控制响应环境变化。凋落物作为土壤养分的重要贡献者，参与整个陆地生态系统的养分循环，对于土壤肥力的保持和植物的生长具有重要作用②，其分解分为 3 个阶段，分别为分解破碎阶段、向下淋溶阶段和有机物的分解代谢阶段。凋落物的最初破碎是由于土壤动物的采食、排泄，使得凋落物破碎程度增加，与外界环境的接触面积增大，从而加速了凋落物的分解。另外，冻融、干湿交替等非生物因素也会导致凋落物的破碎。此外，水分的增加会促使凋落物养分的淋溶释放。凋落物在分解过程中养分含量的释放具有以下 3 种方式：①直接释放，这一过程发生在碳素的损失阶段；②淋溶释放—富集—释放，此阶段养分含量的变化具有较大的波动性；③富集—释放，微生物在凋落物分解过程中发挥着重要作用，而当微生物自身所需养分不足时，会先进行养分的富集，在满足自身生存的需要后，才进行分解活动。有机物的分解代谢主要是微生物在各种酶系统的作用下将大分子物质转化为小分子物质的过程。

二、数据处理与试验设计

（一）养分添加试验设计

氮、磷添加浓度水平参考中国科学院内蒙古草原生态系统定位研究站自 2000 年设置的长期氮、磷添加实验平台的实验处理设置的。氮、磷添加设计各 4 个梯度。4 个氮添加梯度分别为 0g/m^{2}a 纯氮（N_1）、5g/m^2/a 纯氮（N_2）、10g/m^2/a 纯氮（N_3）、20g/m^2/a 纯氮（N_4）；4 个磷添加梯度分别为 0g/m^2/a 纯磷（P_1）、4g/m^2/a 纯磷（P_2）、8g/m^2/a 纯磷（P_3）、16g/m^2/a 纯磷（P_4）。上述氮、磷添加梯度两两随机组合形成 1 个处理，每个区组形成 16 个不同的处理，共 3 个区组，共计 48 个试验小区，每个试验小区面积为 3m×4m，相邻小区间隔 1m，便于行走。本试验所施氮肥为尿素（CH_4N_2O），磷肥为过磷酸钙[$Ca(H_2PO_4)_2H_2O$]，施用时将每个试验小区年施用量平分成 2 等份，于 6~7 月每月月初选择雨天并于下雨前将尿素溶于 10L 的水中，用喷雾器在试验小区中来回均匀喷洒，对于对照组，与其他试验小区喷洒等量的水；对于过磷酸钙，称好重量后直接均匀撒在试验小区中。

---

① 孙玥，全先奎，贾淑霞，等．施用氮肥对落叶松人工林一级根外生菌根侵染及形态的影响[J]．应用生态学报，2007（8）：1727-1732.

② 阎恩荣，王希华，周武．天童常绿阔叶林不同退化群落的凋落物特征及与土壤养分动态的关系[J]．植物生态学报，2008（1）：1-12.

（二）植被调查

于植被生长最旺盛的时候进行样地植被调查，表 4-1 为植被调查结果。在各个试验小区样地上设置一个 1m×1m 的样方，测定每个样方的物种组成及样方内每种植物的高度、密度、盖度、生物量和频度。其中高度为物种自然高度，6 株均值；密度使用个数法；盖度采用针刺法测定总盖度和种的分盖度；频度采用样圆法测定，10 次平均；地上生物量测定时分种齐地刈割，并将剪下的植物装入纸袋，65℃烘至恒重获得地上生物量。

表 4-1　植物群落概况

学名	科	属	生活型	平均重要值
短花针茅	禾本科	针茅属	多年生	0. 23
蒙古冰草	禾本科	冰草属	多年生	0. 15
猪毛蒿	菊科	蒿属	多年生	0. 12
砂引草	紫草科	紫丹属	多年生	0. 11
草木樨状黄芪	豆科	黄芪属	多年生	0. 05
刺藜	苋科	刺藜属	一年生	0. 12
糙隐子草	禾本科	隐子草属	多年生	0. 03
牛枝子	豆科	胡枝子	多年生	0. 07
远志	远志科	远志属	多年生	0. 03
银灰旋花	旋花科	旋花科	多年生	0. 04
阿尔泰狗娃花	菊科	紫菀属	多年生	0. 04
乳浆大戟	大戟科	大戟属	多年生	0. 04
刺沙蓬	藜科	猪毛菜属	一年生	0. 03

（三）植物叶片功能性状采样

通过植被调查，选择每个样方上重要值大于 0. 1 的物种作为优势种植物。随机选择发育良好、成熟、株丛大小相似的植株 3~5 株。从各植株上剪下 5 片朝向不同的健康完整的叶片，装入自封袋封口后放于装有冰袋的保温箱（<5℃）带回室内。

（四）植物根系功能性状采样

用铁锹在各个样地随机挖取各个优势种植株 3~5 株，清理根系周围土壤，装入密封袋中，并标记优势植物根系，带回实验室。

（五）叶片功能性状测定

将采集到的叶片带回实验室，对叶片以下指标进行测定。

1. 叶片鲜重（LFW）

测定前先去除叶柄，用万分之一的分析天平称得叶片即时鲜重。

2. 叶片厚度（LT）

用电子游标卡尺测定叶片厚度，测定时避开主脉位置，分别测定叶片上、中、下位置并取其平均值。

3. 叶面积（LA）

将叶片平铺在叶面积扫描仪（AM350，英国 ADC）上扫描，得到叶片叶面积。

4. 叶片饱和鲜重（LSFW）

将叶片放入装有水的密封袋中，在 5℃冰箱中静置 12h 后取出，用滤纸迅速吸干叶片表面水分并称量得到叶片饱和鲜重。

5. 叶片干重（LDW）

将叶片放入 65℃烘箱中烘 48h 至恒重，称得叶片干重。

6. 比叶面积（SLA）

比叶面积是叶片大小与其干物质重的比值。

SLA=叶片面积/叶片干重

7. 叶片干物质含量（LDMC）

LDMC=叶片干重/叶片饱和鲜重

8. 叶片体积（LV）

LV=叶面积×叶厚

9. 叶组织密度（LTD）

LTD=叶片干重/叶片体积

10. 叶片碳、氮、磷含量（LC/LN/LP）

将叶片在 105℃烘箱中杀青 30min，然后置于 65℃下烘至恒重，用球磨仪磨细过 100 目筛，干燥保存。全碳使用总有机碳分析仪测定；叶片氮和磷测定时，首先对样品进行 H_2SO_4-H_2O_2 消煮，采用全自动凯氏定氮仪法测定叶片氮含量，全磷采用钼锑抗比色法测定。

（六）根功能性状测定

将挖出的完整植株带回实验室，把地上及地下部分用剪刀一分为二，对以下根系指标测定。

1. 总根长（TRL）、根系总表面积（TSA）、根系总投影面积（TPA）、根系平均直径（RAD）、根总体积（TRV）

以上指标均使用根系扫描分析系统（Win RHIZO）直接测定。

2. 根干重（RDW）

将测完以上形态指标的根系置于 65℃烘箱中烘至恒重，称其干重。

3. 比根长（SRL）

SRL=根长/根干重

4. 比表面积（SSA）

SSA=根表面积/根干重

5. 根组织密度（RTD）

RTD=根干重/根体积

6. 根系碳、氮、磷含量（RC/RN/RP）

参照叶片碳、氮、磷测定方法。

（七）数据分析

数据整理采用 Excel 2017，绘图在 Graph Pad Prism 9.2.0 中完成，使用统计软件 SPSS 26.0 进行方差分析，显著水平为 $P<0.05$。

根据植被调查测定数据，计算以下指标：

1. 物种重要值

物种重要值=（相对盖度+相对多度+相对频度+相对生物量）÷4

2. 群落功能性状加权平均值

群落加权平均值（*CWM*）代表植物群落中某项功能性状的平均值。本节中为减小物种间差异性，群落功能性状特征值采用群落加权平均值进行分析，计算公式为：

$$CWM = \sum_{i=1}^{S} P_i^2 \times trait_i$$

式中，P 为群落内物种 i 的相对多度，*trait* 为物种 i 的性状值。

3. 表征可塑性指数计算

采用表型可塑性指数来表达各功能性状的可塑性对氮、磷添加的响应程度，计算公式如下：

PI=（MAX−MIN）÷MAX

式中，MAX 为植物群落叶片某一性状的最大值，MIN 为植物群落叶片某一性状的最小值。

4. 功能性状变异系数计算

用变异系数（CV）表示植物群落叶片与根系各功能性状在氮、磷添加处理的变异程度，计算公式如下：

CV=SD÷Naverage

第二节 氮磷添加对草原植物特征的影响分析

一、氮、磷添加对草原植物叶片性状的影响

（一）氮、磷添加下叶片鲜重、干重的变化

由表 4-2 可知，氮添加对叶片鲜重和干重有极显著影响（$P<0.01$），磷添加则无显著影响，氮、磷共同添加对叶片鲜重和干重有显著影响（$P<0.05$）。

表 4-2 氮、磷添加对叶片鲜重、干重影响的方差分析

		叶鲜重 LFW	叶干重 LDW
氮添加	F	11.46	11.58
	P	<0.0001**	<0.0001**
磷添加	F	0.538	0.287
	P	0.660	0.835
氮添加×磷添加	F	2.206	2.213
	P	0048*	0048*

注：*代表显著性水平为 $P<0.05$，**代表显著性水平为 $P<0.01$；×代表交互作用，下同。

图 4-1 为氮、磷添加下草原植物叶片鲜重和干重变化情况。由图可知，氮单独添加处理下，随着磷浓度的增加，群落叶片鲜重和干重逐渐降低（$P<0.01$）；磷单独添加处理下，随着氮浓度的增加，群落叶片鲜重和干重呈现出先下降，后上升的趋势。同一 P 浓度下，随着氮浓度的增加，群落叶片鲜重和干重总体上呈现上升趋势。在 P_3 水平下，氮+磷的交互作用对群落叶片鲜重和干重有着显著性提升（$P<0.05$）。N_4+P_3 处理下群落叶片鲜重最高（$P<0.05$），为 0.1666g，比其他处理高 0.0265~0.1486g。

N_1+P_3 处理下群落叶片鲜重最低，为 0.0180g。对照组 N_1+P_1 处理下群落叶片鲜重为 0.0575g，N_3+P_1、N_4+P_1、N_3+P_2、N_4+P_2、N_4+P_3、N_3+P_4、N_4+P_4 处理群落叶片鲜重较对照组分别提高了 46.09%、60.35%、4.87%、25.40%、189.74%、81.04%、50.61%。各处理间群落叶干重变化趋势与群落叶鲜重变化趋势一致。N_4+P_3 处理下群落叶片干重最高，为 0.0548g，比其他处理高 0.0184~0.0495g；N_2+P_1 处理下群落叶片鲜重最低，为 0.0053g。对照组 N_1+P_1 处理下群落叶片干重为 0.0216g，N_3+P_1、N_4+P_1、N_3+P_2、N_4+P_2、N_4+P_3、N_3+P_4、N_4+P_4 处理群落叶片干重较对照组分别提高了 35.19%、67.59%、4.17%、21.76%、153.70%、68.52%、31.94%。

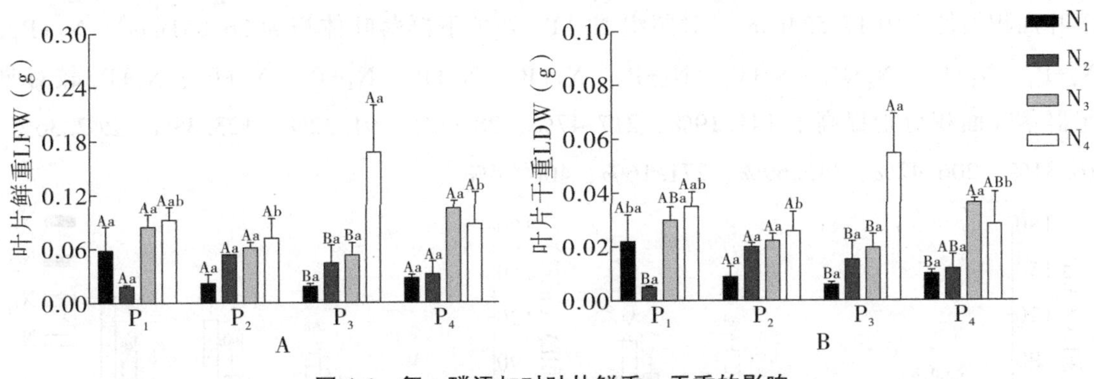

图 4-1　氮、磷添加对叶片鲜重、干重的影响

注：不同大写字母表示相同磷处理下不同氮处理差异显著（P<0.05）；不同小写字母表示相同氮处理下不同磷处理差异显著（P<0.05）。

（二）氮、磷添加下叶面积和叶体积的变化

由表 4-3 可知，氮、磷添加显著影响叶片面积和体积（P<0.05），其中氮单独添加与氮、磷共同添加对叶面积和体积的影响极显著（P<0.01）。

表 4-3　氮、磷添加对叶片面积、体积影响的方差分析

		叶面积 LA	叶体积 LV
氮添加	F	40.1	71.84
	P	<0.0001**	<0.0001**
磷添加	F	3.173	3.38
	P	0.037*	0.030*
氮添加×磷添加	F	3.397	3.134
	P	0005**	0008**

图 4-2 为氮、磷添加下草原植物叶面积和体积变化情况。由图可知，氮、磷添加对群落叶面积变化趋势与群落叶体积变化趋势一致。在 N 单独添加对群落叶片面积和体积作用效果显著（P<0.05），随着 N 添加浓度的增加，群落叶面积和体积呈现先下降，后上升的趋势。磷单独添加下群落叶面积无显著性差异（P>0.05）。P_3 与 P_4 水平下，N+P 的交互作用对群落叶面积有显著性提高（P<0.05）；所有 N+P 交互作用对群落叶体积均有显著积极影响（P<0.05）。

N_4+P_4 处理下群落叶面积最高，为 104.194mm^2；N_2+P_1 处理下群落叶面积最低，为 11.008mm^2。对照组 N_1+P_1 处理下群落叶面积为 17.979mm^2，N_3+P_1、N_4+P_1、N_2+P_2、N_3+P_2、N_4+P_2、N_2+P_3、N_3+P_3、N_4+P_3、N_2+P_4、N_3+P_4、N_4+P_4 较对照组群落叶面积分别提高了 258.48%、287.93%、90.22%、151.56%、83.98%、95.45%、440.43%、19.78%、358.18%、479.53%。群落叶体积在 N_4+P_4 处理下最大，为 136.064mm^3；N_2+P_1 处理下群

落叶面积最低，为 17.554mm²。对照组 N_1+P_1 处理下群落叶体积为 26.851mm³，N_3+P_1、N_4+P_1、N_1+P_2、N_2+P_2、N_3+P_2、N_4+P_2、N_2+P_3、N_3+P_3、N_4+P_3、N_3+P_4、N_4+P_4 较对照组群落叶面积分别提高了 141.19%、217.47%、28.60%、91.32%、123.38%、262.36%、16.31%、206.42%、346.69%、271.16%、406.74%。

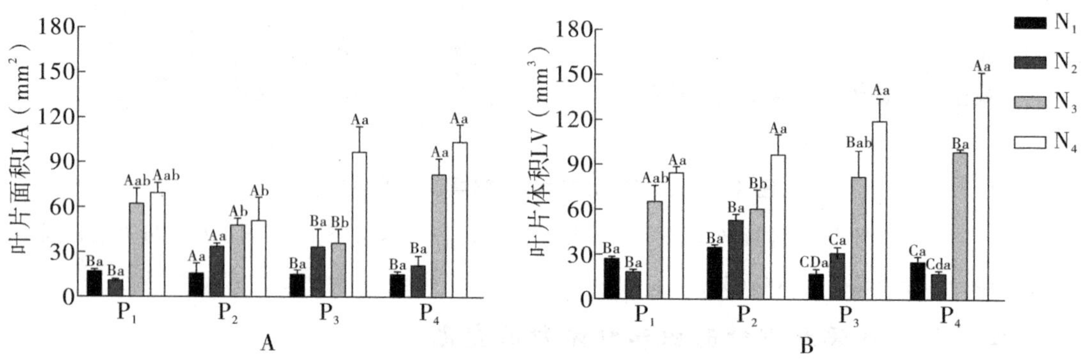

图 4-2　氮、磷添加对叶片面积、体积的影响

（三）氮、磷添加下比叶面积、叶组织密度和叶干物质含量的变化

由表 4-4 可知，比叶面积、叶组织密度和叶干物质含量在氮单独添加下存在极显著差异（P<0.01），在磷单独添加下无显著性差异；氮、磷共同添加对叶组织密度有显著性影响（P<0.05）。

表 4-4　氮、磷添加对叶片比叶面积、叶组织密度和叶干物质含量影响的方差分析

		比叶面积 SLA	叶组织密度 LTD	叶干物质含量 LDMC
氮添加	F	33.9	28.31	15.47
	P	<0.0001**	<0.0001**	<0.0001**
磷添加	F	2.565	0.542	0.051
	P	0.072	0.657	0.98
氮添加×磷添加	F	2.12	2.766	1.88
	P	0.057	0.016*	0.092

图 4-3 为氮、磷添加下草原植物比叶面积、叶组织密度和叶干物质含量变化情况。由图 4-3 可知，磷单独添加时，随着磷浓度的上升，群落比叶面积、叶组织密度和叶干物质含量均呈现下降趋势；氮单独添加时，随着氮浓度的上升，群落比叶面积、叶组织密度和叶干物质含量总体呈现上升趋势。N+P 的交互作用对群落比叶面积、叶组织密度和叶干物质含量总体呈现一个积极的作用。

群落比叶面积在 N_3+P_4 处理下最大，为 25.574cm²/g，在 N_1+P_4 处理下最小，为 2.803cm²/g。对照组 N_1+P_1 处理下群落比叶面积为 8.241cm²/g，N_2+P_1、N_3+P_1、N_4+P_1、N_3+P_2、N_4+P_2、N_2+P_3、N_3+P_3、N_4+P_3、N_3+P_4、N_4+P_4 较对照组群落比叶面积分别提高

了 19.65%、106.46%、102.06%、101.13%、46.65%、82.04%、148.13%、210.33%、169.21%。群落叶组织密度在 N_4+P_3 处理下最大，为 0.3065mg/mm^3，在 N_2+P_4 处理下最小，为 0.0541mg/mm^3。对照组 N_1+P_1 处理下群落叶组织密度为 0.0792mg/mm^3，N_2+P_1、N_3+P_1、N_4+P_1、N_2+P_2、N_3+P_2、N_4+P_2、N_2+P_3、N_3+Pg、N_4+P_3、N_3+P_4、N_4+P_4 较对照组群落叶组织密度分别提高了 21.97%、141.29%、214.52%、36.24%、183.21%、187.22%、50.63%、57.45%、286.99%、218.81%、101.01%。群落叶干物质含量在 N_4+P_3 处理下最高，为 0.1899g/g，在 N_1+P_4 处理下最低，为 0.059g/g。对照组 N_1+P_1 处理下群落叶干物质含量为 0.0886g/g，N_3+P_1、N_4+P_1、N_3+P_2、N_4+P_2、N_2+P3、N_3+P_3、N_4+P_3、N_3+P_4、N_4+P_4 较对照组群落叶干物质含量分别提高了 63.32%、63.21%、32.05%、98.87%、11.40%、114.33%、98.42%、24.04%。

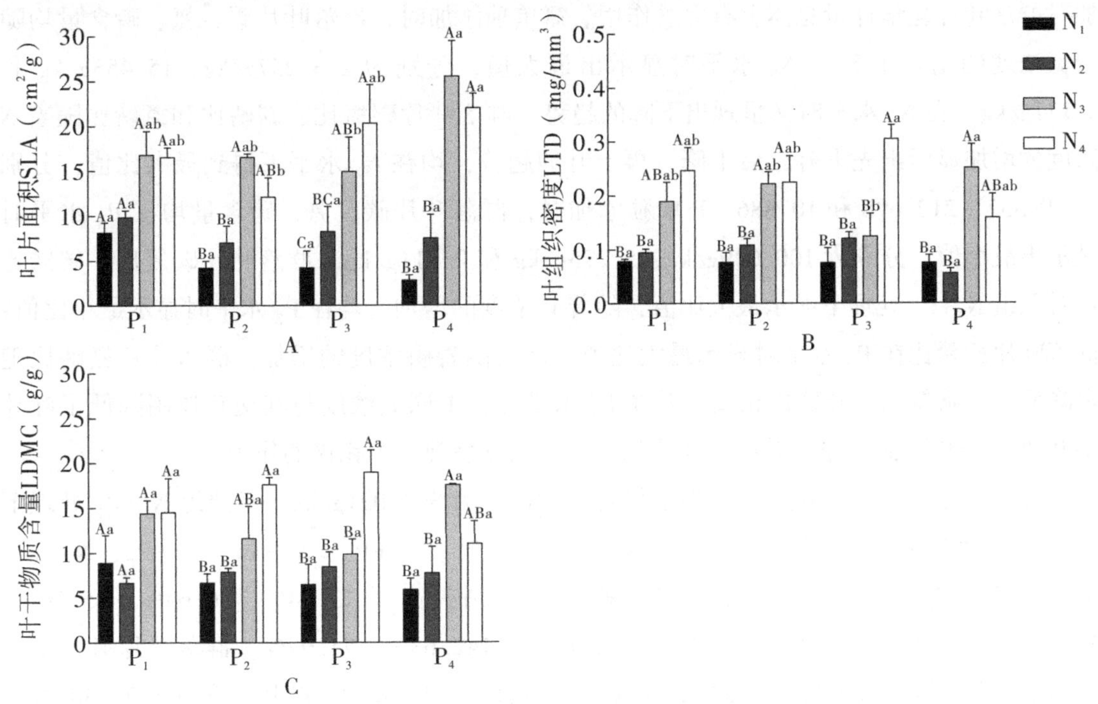

图 4-3　氮、磷添加对比叶面积、叶组织密度和叶干物质含量的影响

（四）氮、磷添加下叶片化学计量的变化

通过氮、磷添加对叶片化学计量影响的方差分析可知（见表 4-5），氮单独添加下，叶碳、氮、磷含量变化与叶碳磷比和氮磷比变化均存在极显著差异（$P<0.01$）；磷单独添加显著影响叶磷含量、碳磷比和氮磷比（$P<0.05$）；氮、磷共同添加显著影响叶氮、磷含量。

表 4-5　氮、磷添加对叶片化学计量影响的方差分析

		叶碳含量 LC	叶氮含量 LN	叶磷含量 LP	叶碳氮比 C/N	叶碳磷比 C/P	叶氮磷比 N/P
氮添加	F	13.56	21.92	8.373	1.28	9.207	4.801
	P	<0.0001**	<0.0001**	0.0003*	0.298	0.0002**	0.007**
磷添加	F	0.498	0.387	3.317	1.133	3.772	4.427
	P	0.686	0.763	0.032*	0.35	0.02*	0.01*
氮添加×磷添加	F	1.391	2.725	2.447	0.419	0.74	0.906
	P	0.233	0018*	003*	0.915	0.67	0.532

图 4-4 为氮、磷添加下草原植物叶片化学计量的变化情况。由图 4-4 可知，氮、磷添加对群落叶片化学计量总体上有促进作用。氮单独添加时，群落叶片碳、氮、磷含量均随着氮浓度的增加上升至 N_3 水平时显示出最大值，分别为 273.257g/kg、15.453g/kg 和 2.171g/kg，在 N_4 水平时又呈现出下降的趋势。群落叶片碳氮比、碳磷比和氮磷比随着 N 浓度的增加显示出先上升，后下降，再上升的趋势，均在 N_4 水平下得到最大比值，分别是 19.552、212.698 和 10.886。P 单独添加时，群落叶片碳、氮、磷含量均在 P_4 水平时显示出最小值，分别为 100.049g/kg、5.275g/kg 和 0.811g/kg。群落叶片碳氮比、碳磷比在对照组 N_1+P_1 处理下显示最大比值，随着 P 浓度的增加，均在 P_2 水平时显示最小比值；群落叶片氮磷比在 P_2 水平时显示最大比值，之后随着磷浓度的增加，群落叶片氮磷比随之降低，与碳氮比、碳磷比相反，并在 P_4 水平时，不同氮浓度与其交互作用降低了叶片 N/P 比。N+P 的交互作用对群落叶片化学计量总体呈现一个积极的作用。

群落叶片碳含量在 N_3+P_4 处理下得到最大值，为 367.021g/kg。对照组 N_1+P_1 处理下叶片碳含量为 151.27g/kg，N_2+P_1、N_3+P_1、N_4+P_1、N_3+P_2、N_4+P_2、Nz+Pg、N_3+P_3、N_4+Pg、N_3+P_4、N_4+P_4 较对照组叶片碳含量分别提高了 13.24%、80.64%、65.76%、39.02%、72.50%、5.84%、26.00%、113.02%、142.63%、71.97%。群落叶片氮含量在 N_3+P_4 处理下得到最大值，为 22.285g/kg。对照组 N_1+P_1 处理下叶片氮含量为 7.638g/kg，N_2+P_1、N_3+P_1、N_4+P_1、N_1+P_2、N_2+P_2、N_3+P_2、N_4+P_2、N_2+P_3、N_4+P_3、N_3+P_4、N_4+P_4 较对照组叶片氮含量分别提高了 25.02%、102.32%、101.30%、5.98%、0.38%、168.07%、191.76%、145.20%。群落叶片磷含量在 N_3+P_4 处理下得到最大值，为 4.625g/kg。对照组 N_1+P_1 处理下叶片磷含量为 1.150g/kg，N_2+P_1、N_3+P_1、N_4+P_1、N_2+P_2、N_3+P_2、N_4+P_2、N_3+P_3、N_4+P_3、N_2+P_4、N_3+P_4、N_4+P_4 较对照组叶片磷含量分别提高了 20.35%、88.78%、23.83%、12.09%、40.26%、53.48%、39.13%、118.17%、302.17%、156.26%。

群落叶片碳氮比在 N_4+P_4 处理下得到最大值，为 22.336。对照组 N_1+P_1 处理下叶片碳氮比为 17.667，N_2+P_1、N_3+P_1、N_4+P_1、N_2+P_2、N_3+P_3、N_2+P_4、N_3+P_4、N_4+P_4 较对

照组叶片碳氮比分别提高了2.62%、2.41%、10.67%、5.84%、2.43%、7.75%、6.38%、26.43%。群落叶片碳磷比在N_4+P_1处理下得到最大值，为212.698。对照组N_1+P_1处理下叶片碳磷比为114.799，N_2+P_1、N_3+P_1、N_4+P_1、N_3+P_2、N_4+P_2、N_2+P_3、N_3+P_3、N_4+P_3、N_2+P_4、N_4+P_4较对照组叶片碳磷比分别提高了14.67%、9.90%、85.28%、24.50%、31.68%、19.26%、43.51%、62.69%、25.18%。群落叶片氮磷比在N_4+P_3处理下得到最大值，为11.863。对照组N_1+P_1处理下叶片氮磷比为6.883，N_2+P_1、N_3+P_1、N_4+P_1、N_1+P_2、N_3+P_2、N_4+P_2、N_2+P_3、N_3+P_3、N_4+P_3较对照组叶片氮磷比分别提高了6.96%、2.82%、58.16%、16.14%、1.32%、47.01%、30.83%、33.95%、72.35%。

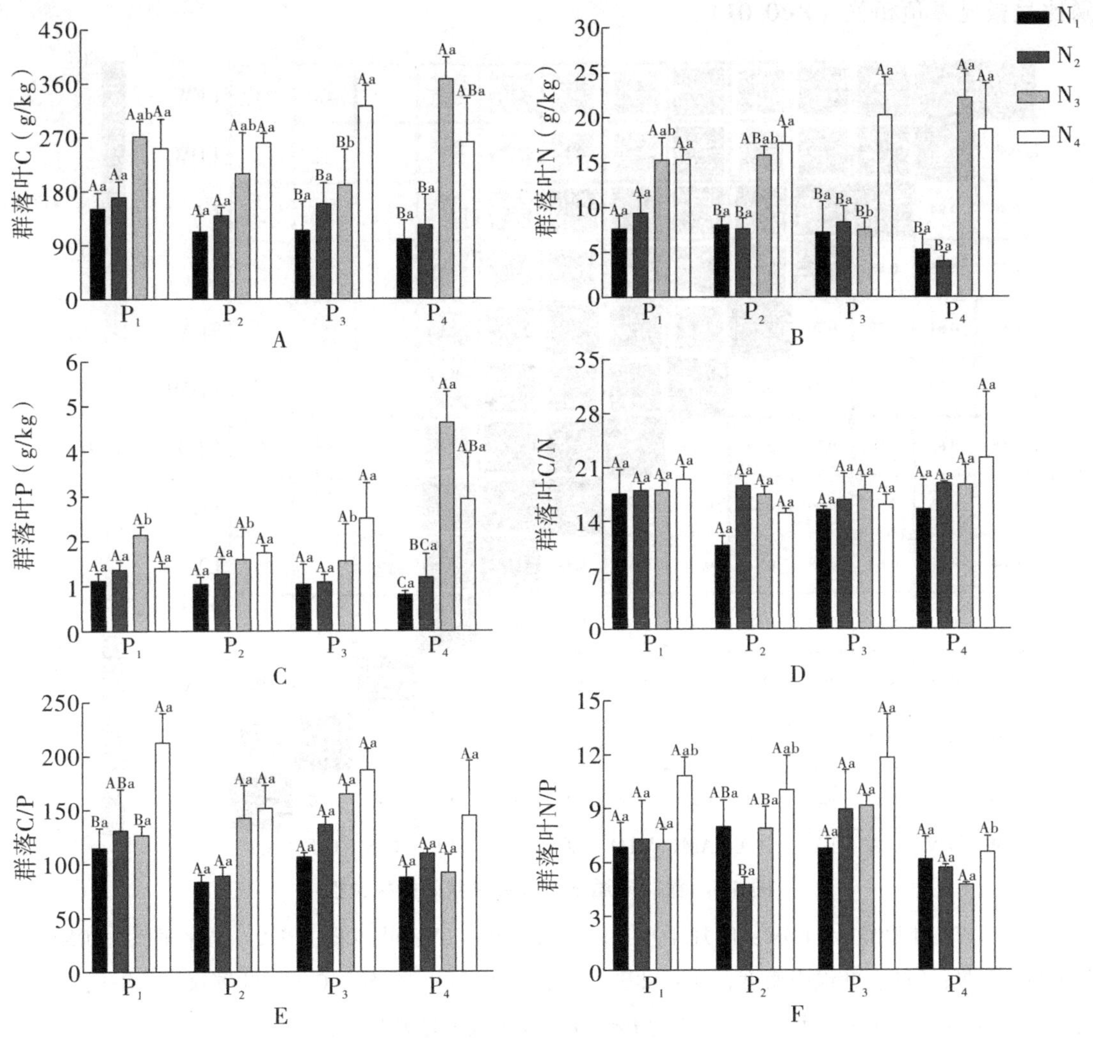

图4-4　氮、磷添加对叶片化学计量的影响

（五）氮、磷添加下叶片功能性状间的相关性

图4-5为氮、磷添加下草原叶片功能性状间的相关性。由图4-5可知，群落叶鲜重和干重与碳氮比、碳磷比、氮磷比无显著相关关系（P>0.05），与其余功能性状均呈极显著

正相关（P<0. 01）；群落叶面积、体积和比叶面积与碳氮比和氮磷比之间不存在相关关系（P>0. 05），与碳氮比呈显著正相关（P<0. 05），与其余功能性状之间均存在极显著正相关（P<0. 01）；群落叶干物质含量与叶组织密度、叶碳、氮、磷含量呈极显著正相关（P<0. 01），与碳磷比和氮磷比呈显著正相关（P<0. 05），与碳氮比无显著相关关系（P>0. 05）；群落叶组织密度与碳、氮、磷含量和碳磷比呈极显著正相关（P<0. 01），与氮磷比呈显著正相关（P<0. 05），与叶碳氮比无显著相关关系（P>0. 05）；群落叶碳与氮、磷含量和碳氮比呈显著正相关（P<0. 05）；群落叶氮含量与磷含量和氮磷比之间存在极显著正相关（P<0. 01），与碳氮比之间存在极显著负相关关系（P<0. 01）；群落叶碳氮比与氮磷比呈极显著负相关（P<0. 01）。

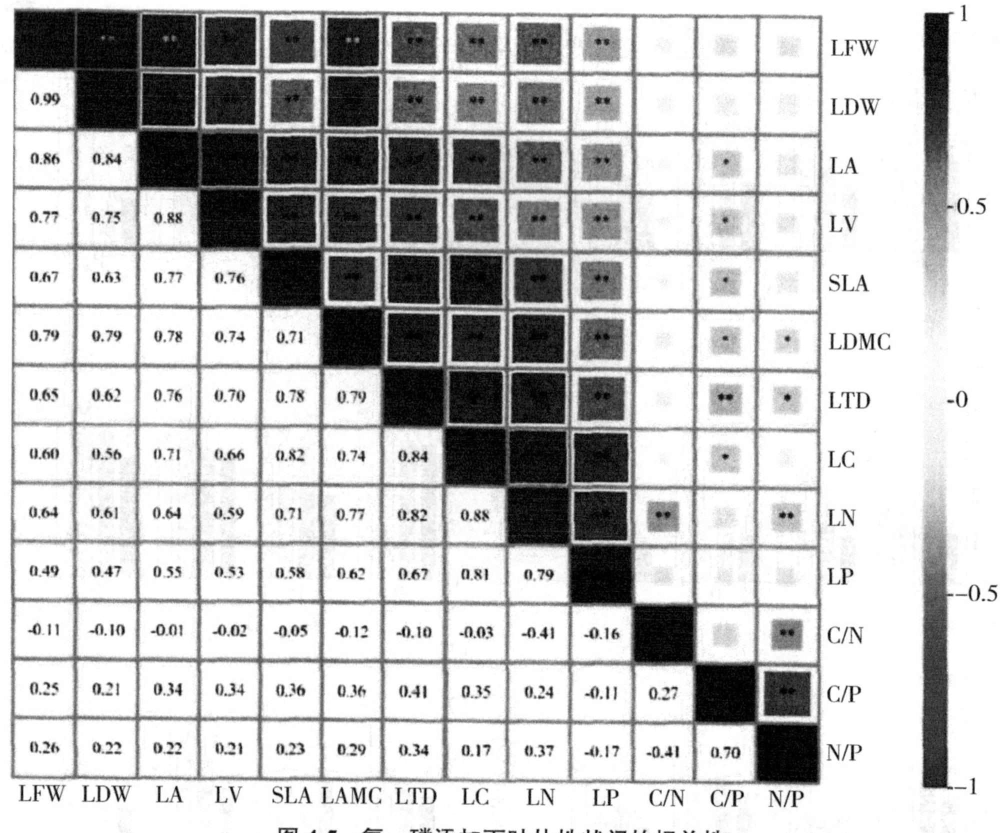

图 4-5　氮、磷添加下叶片性状间的相关性

注：LFW：叶片鲜重；LDW：叶片干重；LA：叶面积；LV：叶体积；SLA：比叶面积；LDMC：叶片干物质含量；LTD：叶组织密度；LC：叶碳；LN：叶氮；LP：叶磷；C/N：叶碳氮比；C/P：叶碳磷比；N/P：叶氮磷比；＊代表显著性水平为 P<0. 05，＊＊代表显著性水平为 P<0. 01。

二、草原植物根系性状对氮、磷添加的响应

（一）氮、磷添加下根系干重、总根长、根系平均直径的变化

由表4-6可知，氮单独添加对根干重、总根长和平均直径均产生极显著影响（$P<0.01$）；总根长在磷单独添加时有极显著差异（$P<0.01$），在氮、磷共同添加下有显著性差异（$P<0.05$）。

表4-6　氮、磷添加对根干重、总根长和平均直径影响的方差分析

		根干重 RDW	总根长 TRL	平均直径 RAD
氮添加	F	3. 789	32. 26	10. 81
	P	0. 002**	<0. 0001**	<0. 0001**
磷添加	F	0. 777	4. 799	2. 812
	P	0. 515	0. 007**	0. 055
氮添加×磷添加	F	1. 618	2. 547	1. 877
	P	0. 152	0025*	0. 092

图4-6为氮、磷添加下草原植物根系干重、总根长、根系平均直径的变化情况。由图4-6可知，氮单独添加时，群落根系干重与群落根系平均直径的变化趋势一致，均随着氮浓度的上升呈现出先上升，后下降的趋势，并且均在N_3水平显示出最大值，分别为0. 1235g和0. 3577mm；群落根系总根长随着氮浓度的上升呈现出显著增长趋势，在N_4水平下出现最大值，为158. 99cm。

磷单独添加时，群落根干重、总根长和根系平均直径均随着磷浓度的升高呈现先上升，后下降，再上升的趋势，并且均在P_3水平下出现最小值，分别为0. 010g、18. 285cm和0. 0374mm。

群落根系干重在N_3+P_4处理下得到最大值，为0. 190g。对照组N_1+P_1处理下群落根系干重为0. 101g，N_2+P_1、N_3+P_1、N_1+P_2、N_2+P_2、N_4+P_2、N_3+P_3、N_4+P_3、N_3+P_4、N_4+P_4较对照组群落根系干重分别提高了8. 22%、22. 28%、37. 23%、19. 60%、79. 41%、27. 33%、58. 71%、88. 12%、82. 38%。群落总根长在N_4+P_4处理下得到最大值，为164. 63cm。对照组N_1+P_1处理下群落根系总根长为39. 00cm，N_2+P_1、N_3+P_1、N_4+P_1、N_2+P_2、N_3+P_2、N_4+P_2、N_2+P_3、N_3+P_3、N_4+P_3、N_1+P_4、N_3+P_4、N_4+P_4较对照组群落根系干重分别提高了23. 64%、110. 08%、307. 67%、18. 18%、106. 13%、77. 05%、10. 85%、24. 38%、200. 90%、4. 82%、191. 46%、322. 13%。群落根系平均直径在N_3+P_4处理下得到最大值，为0. 5912mm。对照组N_1+P_1处理下群落根系平均直径为0. 2303mm，N_2+P_1、N_3+P_1、N_4+P_1、N_1+P_2、N_3+P_2、N_4+P_2、N_2+P_3、N_4+P_3、N_2+P_4、N_3+P_4、N_4+P_4较对照

组群落根系干重分别提高了 15.15%、55.32%、18.71%、4.72%、126.79%、97.18%、24.49%、73.08%、156.75%、106.17%。

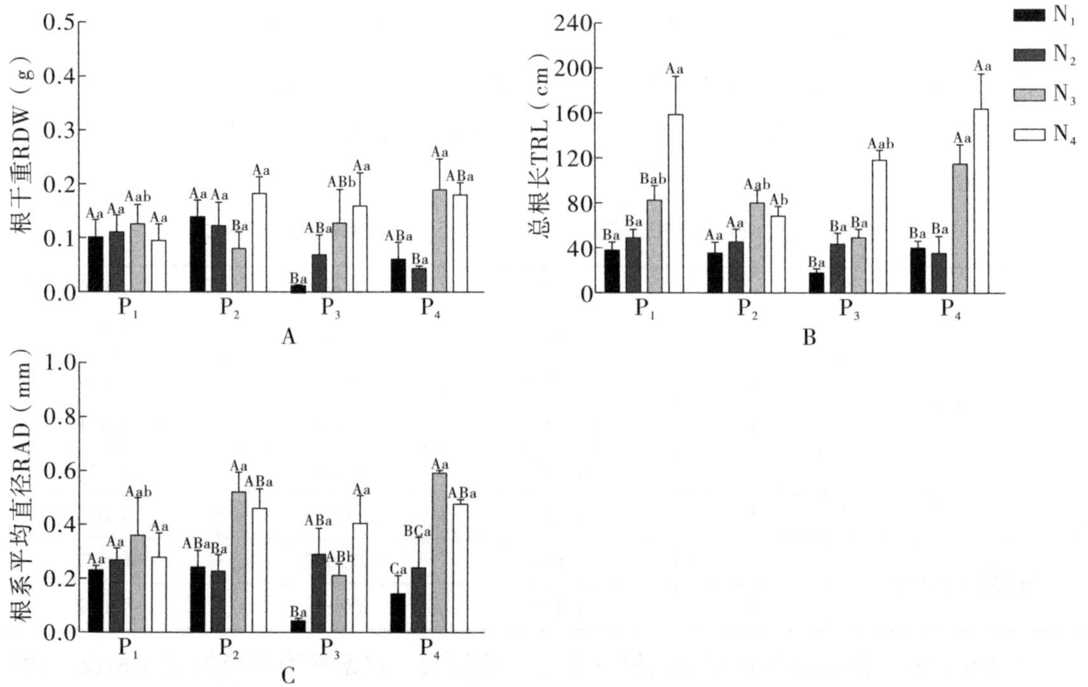

图 4-6 根系干重、总根长、根系平均直径对氮、磷添加的响应

（二）氮、磷添加下根系总表面积、总投影面积、总体积的变化

由表 4-7 可知，根总表面积、总投影面积和总体积在氮单独添加与氮、磷共同添加下均存在显著差异（$P<0.05$），磷单独添加显著影响根总表面积（$P<0.05$）。

表 4-7 氮、磷添加对根总表面积、总投影面积和总体积影响的方差分析

		总表面积 TSA	总投影面积 TPA	总体积 TRV
氮添加	F	34.96	26.41	17.26
	P	<0.0001**	<0.0001**	<0.0001**
磷添加	F	3.078	2.373	0.777
	P	0.041*	0.089	0.516
氮添加×磷添加	F	3.042	2.671	3.223
	P	0.005**	0.020*	0.007**

图 4-7 为氮、磷添加下草原植物总表面积、根系总投影面积、根总体积的变化情况。由图 4-7 可知，氮单独添加时，群落根系总表面积的变化趋势与群落根系总投影面积相同，随着氮浓度的升高，两者均呈现先下降后上升的趋势，均在 N_4 水平下得到最大值，分别为 $23.47cm^2$ 和 $5.99cm^2$。群落根总体积则呈现出先上升后下降的趋势，在 N_3 水平下

达到最大值，为0.3169cm^3。磷单独添加时，群落总投影面积的变化趋势与群落根总体积相同，随着磷浓度的上升，两者均呈现出先上升后下降再上升的趋势，均在P_2水平下显示出最大值，分别为3.40cm^{2}和0.287cm^3；最小值均在P_3水平时出现，分别为0.8077cm^{2}和0.0282cm^3。群落根系总表面积最小值也出现在P_3水平时，为2.5374cm^2。

群落根系总表面积在N_4+P_4处理下得到最大值，为32.47cm^2。对照组N_1+P_1处理下群落根系总表面积为11.77cm^2，N_3+P_1、N_4+P_1、N_3+P_2、N_4+P_2、N_4+P_3、N_3+P_4、N_4+P_4较对照组群落根系总表面积分别提高了43.25%、99.41%、86.32%、47.92%、92.69%、87.09%、175.87%。群落根系总投影面积在N_4+P_4处理下得到最大值，为10.34cm^2。对照组N_1+P_1处理下群落根系总表面积为3.13cm^2，N_3+P_1、N_4+P_1、N_1+P_2、N_3+P_2、N_4+P_2、N_3+P_3、N_4+P_3、N_3+P_4、N_4+P_4较对照组群落根系总表面积分别提高了71.57%、91.37%、8.63%、123.03%、77.00%、15.34%、130.67%、123.96%、230.35%。群落根系总体积在N+P_4处理下得到最大值，为0.5318cm^3。对照组N_1+P_1处理下群落根系总体积为0.1768cm^3，N_2+P_1、N_3+P_1、N_4+P_1、N_1+P_2、N_2+P_2、N_3+P_2、N_4+P_2、N_3+P_3、N_4+P_3、N_3+P_4、N_4+P_4较对照组群落根系总体积分别提高了1.13%、79.24%、40.16%、62.39%、36.48%、10.35%、116.80%、96.21%、170.25%、113.63%、200.79%。

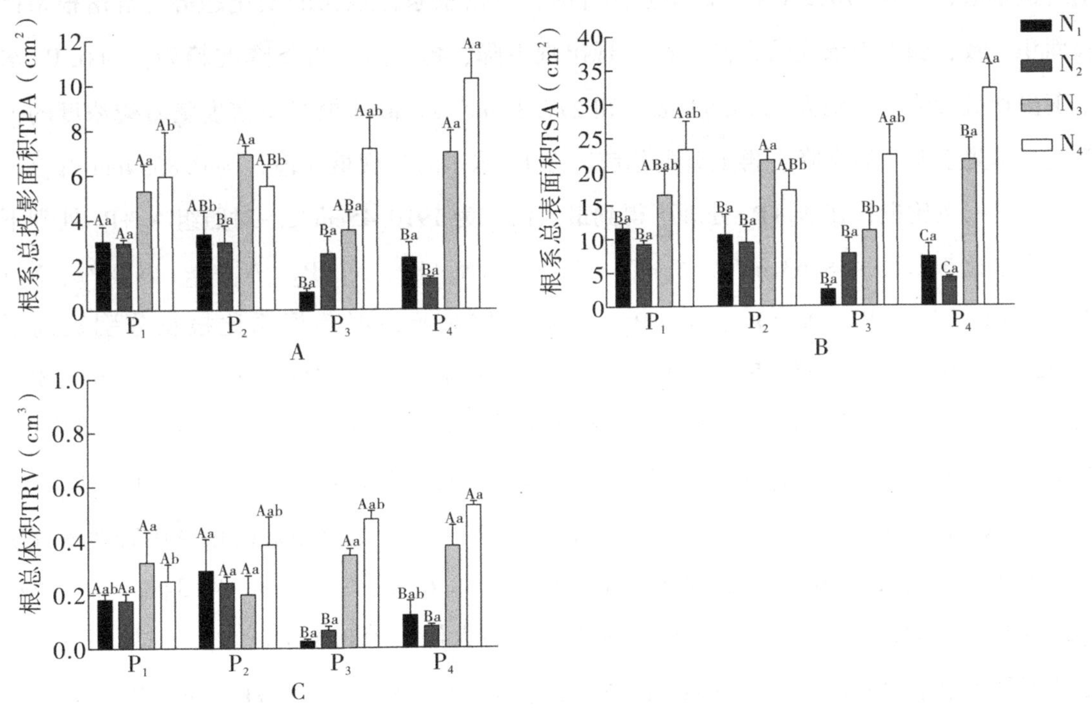

图4-7 根系总表面积、根系总投影面积、根总体积对氮、磷添加的响应

（三）氮、磷添加下根系比根长、比表面积和根组织密度的变化

从表4-8可以看出，氮、磷添加对根组织密度有极显著影响（P<0.01），根比根长与

比表面积在氮、磷共同添加下有显著性差异（$P<0.05$）。

表 4-8　氮、磷添加对根比根长、比表面积和根组织密度影响的方差分析

		比根长 SRL	比表面积 SSA	根组织密度 RAD
氮添加	F	1.311	1.436	7.998
	P	0.288	0.251	0.0004**
磷添加	F	0.741	0.284	6.523
	P	0.536	0.837	0.0014**
氮添加×磷添加	F	4.095	2.732	4.408
	P	0002**	0017*	00008**

图 4-8 为氮、磷添加下草原植物比根长、比表面积和根组织密度的变化情况。由图 4-8 可知，氮单独添加时，群落根系比根长随着氮浓度上升，呈现上升的趋势，N_4 水平显著提升了群落根系比根长（$P<0.05$），为 1910.45cm/g。群落根系比表面积随着氮浓度的上升呈现先下降、后上升的趋势，在 N_4 水平下出现最大值，为 292.55cm^2/g。群落根组织密度随着氮浓度的上升呈现下降的趋势，高浓度氮显著降低了群落根组织密度，N_4 水平下出现最小值，为 0.3701g/cm^3。磷单独添加时，群落根系比根长的变化趋势与群落根系比表面积一致，随着磷浓度的升高，都呈现出现下降、再上升、再下降的趋势，均在 P_3 水平下出现最大值，分别为 1198.83cm/g 和 277.86cm^2/g。群落根组织密度随着磷浓度的上升呈现出先上升、后下降、再上升的趋势，在 P_2 水平时出现最大值，为 0.8334cm^3/g。

群落根系比根长在 N_4+P_1 处理下得到最大值，为 1910.45cm/g。对照组 N_1+P_1 处理下群落根系比根长为 438.63cm/g，N_2+P_1、N_3+P_1、N_4+P_1、N_2+P_2、N_3+P_2、N_1+Pg、N_2+P3、N_4+P3、N_1+P_4、N_2+P_4、N_3+P_4、N_4+P_4 较对照组群落根系比根长分别提高了 38.22%、79.08%、335.55%、91.57%、198.35%、173.31%、95.68%、68.78%、52.70%、93.27%、67.14%、115.82%。群落根系比表面积在 N_3+P_2 处理下得到最大值，为 424.55cm^2/g。对照组 N_1+P_1 处理下群落根系比表面积为 118.78cm^2/g，N_3+P_1、N_3+P_2、N_1+P_3、N_2+P_3、N_3+P_3、N_4+P_3、N_1+P_4、N_3+P_4、N_4+P_4 较对照组群落根系比表面积分别提高了 24.31%、146.30%、257.43%、133.93%、58.62%、34.35%、49.34%、41.68%、102.34%。群落根组织密度在 N_1+P_2 处理下得到最大值，为 0.8334cm^3/g。对照组 N_1+P_1 处理下群落根组织密度为 0.670cm^3/g，N_2+P_1、N_3+P_1、N_4+P_1、N_3+P_2、N_4+P_2、N_1+P_3、N_2+P_3、N_3+P_3、N_4+P_3、N_1+P_4、N_2+P_4、N_3+P_4、N_4+P_4 较对照组群落根组织密度分别降低了 13.43%、38.81%、44.76%、40.67%、28.82%、45.21%、39.72%、22.99%、31.27%、19.09%、25.31%、48.01%。

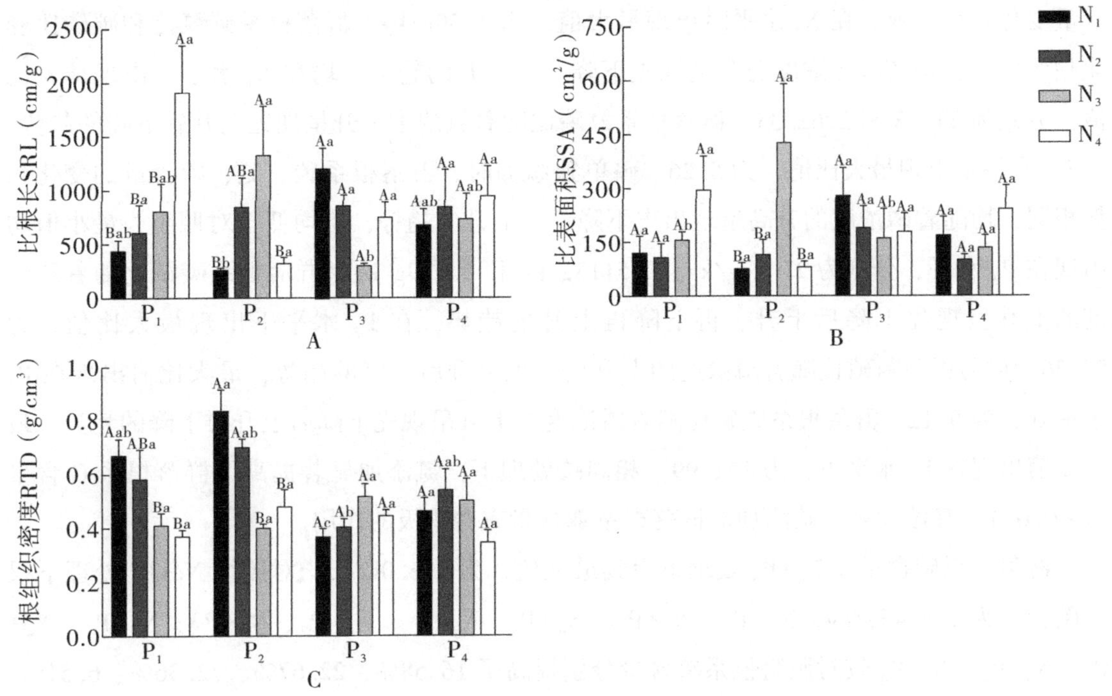

图 4-8　根系比根长、比表面积和根组织密度对氮、磷添加的响应

（四）氮、磷添加下根系化学计量的变化

从表 4-9 可以看出，根碳、氮、磷含量在氮单独添加下均存在极显著性差异（P<0.01），在氮、磷共同添加下存在显著性差异（P<0.05）。根碳磷比在磷单独添加下有显著性差异（P<0.05），氮、磷添加对根碳氮比与氮磷比无显著性影响。

表 4-9　氮、磷添加对根化学计量影响的方差分析

		根碳含量 RC	根氮含量 RN	根磷含量 RP	根碳氮比 C/N	根碳磷比 C/P	根氮磷比 N/P
氮添加	F	35.01	12.76	7.041	1.809	1.403	1.629
	P	<0.0001**	<0.0001**	0.0009**	0.165	0.26	0.202
磷添加	F	1.539	0.584	5.337	2.789	3.238	2.842
	P	0.224	0.63	0.004**	0.056	0.035*	0.053
氮添加×磷添加	F	2.474	2.394	2.484	1.649	0.945	1.619
	P	0029*	0034*	0028*	0.143	0.502	0.152

图 4-9 为氮、磷添加下草原植物根系化学计量的变化情况。由图 4-9 可知，高浓度的氮、磷添加对草原植物根系碳、氮、磷含量的增加有积极的作用。氮单独添加时，随着氮浓度的增加，群落根系碳含量也是一个上升的趋势，N_4 水平下得到最大值，为 248.97g/kg，且显著高于对照组（P<0.05）。群落根系氮含量随着氮浓度的上升呈现出先上升后下降的趋势，在 N_3 水平时得到最大值，为 5.66g/kg。群落根系磷含量的变化趋势与根系氮

含量变化趋势一致，在 N_2 水平时出现最大值，为 1.39g/kg。群落根系碳氮比和碳磷比变化趋势相同，均随着氮浓度上升呈现先下降、后上升的趋势，均在 N_4 水平下出现最大比值，分别为 54.63 和 2262.35。群落根系氮磷比随着氮浓度上升呈现先上升后下降的趋势，在 N_3 水平下出现最大比值，为 5.26。磷单独添加时，群落根系碳、氮、磷含量的变化趋势相同，均随着磷浓度的升高呈现出先下降、后上升的趋势，但均低于对照组，最小值均出现在 P_3 水平，分别为 27.97g/kg、0.5113g/kg 和 0.189g/kg。群落根系碳氮比随着磷浓度的上升呈现先下降后上升、再下降再上升的趋势，在 P_3 水平下出现最大比值，为 55.56。群落根系氮磷比随着磷浓度的上升呈现先上升后下降的趋势，最大比值出现在 P_2 水平处，为 5.12。群落根系碳磷比随着磷浓度的上升呈现先下降后上升再下降的趋势，最大比值出现在 P_1 水平下，为 171.99。相同磷处理下，氮添加显著提高了群落根系 C 含量（$P<0.05$）。高浓度氮、磷添加对群落根系磷含量有着积极的作用。

群落根系碳含量在 N_4+P_3 处理下得到最大值，为 316.0g/kg。对照组 N_1+P_1 处理下根系碳含量为 144.45g/kg，N_2+P_1、N_3+P_1、N_4+P_1、N_3+P_2、N_4+P_2、N_2+P3、N_3+P_3、N_4+P_3、N_3+P_4、N_4+P_4 较对照组根系碳含量分别提高了 16.58%、22.67%、72.36%、6.51%、53.36%、13.91%、24.55%、118.76%、33.78%、99.43%。群落根系氮含量在 N_4+P_4 处理下得到最大值，为 10.38g/kg。对照组 N_1+P_1 处理下群落根系氮含量为 3.32g/kg，N_2+P_1、N_3+P_1、N_4+P_1、N_3+P_2、N_4+P_2、N_2+P_3、N_3+P_3、N_4+P_3、N_3+P_4、N_4+P_4 较对照组根系氮含量分别提高了 40.96%、70.48%、14.16%、78.01%、115.66%、30.72%、35.65%、115.96%、36.75%、212.65%。群落根系磷含量在 N_2+P_4 处理下得到最大值，为 2.24g/kg。对照组 N_1+P_1 处理下根系磷含量为 0.9287g/kg，N_2+P_1、N_3+P_1、N_4+P、N_4+P_2、N_2+P_3、N_3+P_3、N_4+P_3、N_2+P_4、N_3+P_4、N_4+P_4 较对照组根系磷含量分别提高 49.67%、17.37%、4.69%、71.21%、0.51%、24.38%、69.90%、141.63%、60.44%、89.36%。

氮、磷添加整体降低了群落根系碳氮比，群落根系碳氮比在 N_1+P_3 处理下得到最大比值，为 55.56。对照组 N_1+P_1 处理下群落根系碳氮为 44.89，N_2+P_1、N_3+P_1、N_4+P_1、N_1+P_2、N_2+P_2、N_3+P_2、N_4+P_2、N_2+P_3、N_3+P_3、N_4+P_3、N_1+P_4、N_2+P_4、N_3+P_4、N_4+P_4 较对照组根系碳氮比分别降低了 16.84%、24.08%、18.76%、13.41%、42.79%、29.05%、8.11%、4.77%、22.23%、4.21%、38.14%、5.66%、36.98%。群落根系氮磷比在 N_3+P_2 处理下得到最大比值，为 10.07。对照组 N_1+P_1 处理下根系氮磷比为 3.96，N_2+P_1、N_3+P_1、N_1+P_2、N_2+P_2、N_3+P_2、N_4+P_2、N_2+P_3、N_4+P_3、N_4+P_4 较对照组根系氮磷比分别提高了 25.51%、32.83%、11.62%、29.29%、154.29%、23.48%、40.91%、16.41%、53.03%。群落根系碳磷比在 N_4+P_1 处理下得到最大比值，为 262.35。对照组 N_1+P_1 处理下根系碳磷比为 171.99，N_4+P_1、N_2+P_2、N_3+P_2、N_2+P_3、N_4+P_3 较对照组根系碳磷比分别提高了 52.54%、11.01%、28.33%、18.51%、18.66%。

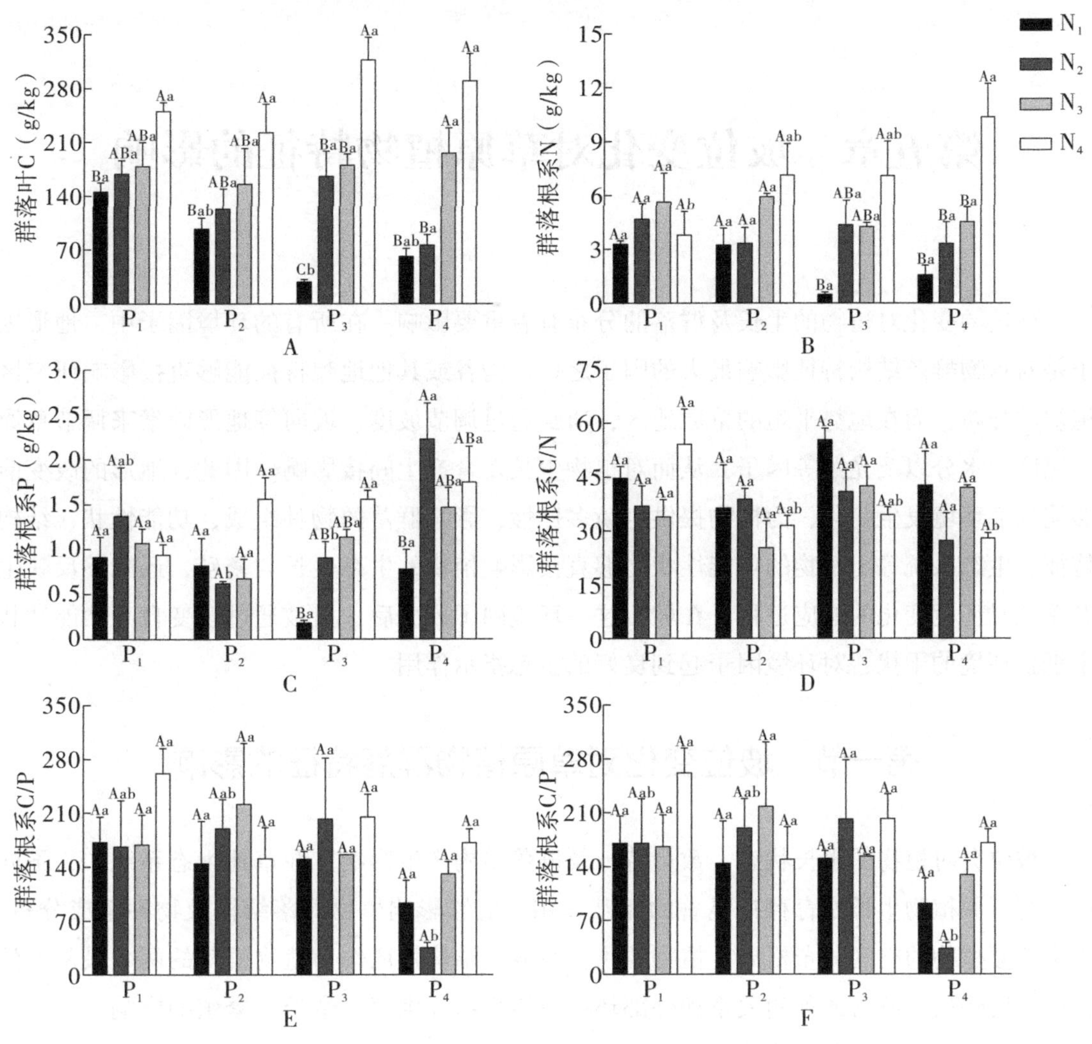

图 4-9　根系化学计量对氮、磷添加的响应

第五章　坡位变化对草原植物特征的影响

环境的变化对植物的生长及群落的分布有着重要影响。在所有的环境因子中，地形因子是对植物群落结构特征影响最大的因子之一。沟谷或其他地貌特征能够直接影响研究区植被的分布，而在地势平坦的草原地区，通常通过调节坡度、坡向等地形因素来调节草原区温度、水分以及光照等因子，从而对植物生长发育产生间接影响。因此，地形的改变能够使局部环境发生变化，为植物提供生境多样性，影响群落的物种组成、功能性状、结构特征、生态系统等。植物的功能性状能够直接影响植物的生存生长与繁殖，还能够反映生态系统对环境变化的响应过程。在坡位这一环境因子改变后，植被通过改变自身功能性状来抵抗环境的干扰，对环境因子起到良好的生态指示作用。

第一节　坡位变化对草原植物群落特征的影响

坡位会对植物的生长状态、数量特征及群落结构产生影响。在草地生态系统中，不同坡位与草原植物生长发育存在显著的相互作用，能够影响植物群落结构及物种组成分布，决定草原植物的空间分布格局。植物的物种组成和结构特征作为植物群落的两个最基本的特征，反映植物群落的种间关系和外部环境对植物物种生存、生长与繁殖的影响，可以用来揭示和探讨植物群落的构建以及生态系统功能的作用。

一、研究方法

试验主要在内蒙古阴山北麓荒漠草原生态水文国家野外科学观测研究站（以下简称“野外站”）进行，地理位置为N41°12′10″，E111°12′19″。调查时间选择植被生长季（6–9月），在每个月的中旬进行植被调查。实验样点选在野外站无刈割、无放牧等人为干扰活动的围封区内，在每个坡位设置3个面积为1m×1m的样方，用GPS记录样方的海拔与经纬度，样地基本情况见表5-1。

表 5-1　样地基本情况

坡位	样方号	经度	纬度
坡上	1	111°12′59.43″	41°21′17.83″
	2	111°12′59.51″	41°21′17.96″
	3	111°12′59.56′	41°21′18.19″
	4	111°12′53.15″	41°21′17.65″
坡中	5	111°12′52.64″	41°21′17.58″
	6	111°12′53.15″	41°21′17.65″
	7	111°12′49.01″	41°21′16.56″
坡下	8	111°12′48.77	41°21′16.57″
	9	111°12′48.96″	41°21′16.91″

（一）群落特征

记录样点的地理位置，包括地形、经纬度、海拔、调查日期等。在选择的样点设置样方，每个样方记录植物的种名、群落的总盖度、样方的科、属、种组成及分种高度、密度和频度。采用目视判读法估算各样方的盖度及各类型植物的分盖度及种数。

地上生物量采用烘干称量法。在样方内按物种分别将植株地上部分齐地面用剪刀剪下，称取鲜重后装入纸袋带回实验室烘干，烘箱温度设置为65℃，烘干至恒重后，称取重量并记录每种植物的生物量，烘干时间设置为48h。各样方的平均地上生物量可以用来衡量每个地点的群落生产力。

根据样地植被调查中出现的所有植物，通过查阅《中国植被》《内蒙古植物志》《内蒙古维管植物分类及其区系生态地理分布》，结合研究区植物标本，统计该地区植物科、属、种的组成，并进行植物生活型、水分生态类型和地理成分的统计和分析。

植物 α 多样性能够衡量研究区植物群落内物种的多样性。在本节中，选用重要值（Pi）、Shannon-Wiener 指数、Simpson 指数、Pielou 均匀度指数和 Patrick 指数 5 个参数来表示草原植被群落中所含物种数量的多少以及研究区草原植被群落的组成与分布。重要值的测定是通过统计样地中出现的所有植物的高度、盖度和频度三个指标衡量草本植物在某群落中的相对地位；Shannon-Wienner 指数用来表征某一植物群落的物种数和种群间植物个体分配的均匀度；Simpson 指数可以反映某一植物群落中所有植物物种出现的概率和；Pielou 指数表示各植物物种个体数目分配的均匀程度；Patrick 指数则用来表示植物群落中的物种数量。

（1）重要值：

$$重要值=（相对高度+相对盖度+相对生物量）\div 3 \tag{5-1}$$

（2）Shannon-Wiener 指数：

$$S = \sum_{I=1}^{S} P_i \ln P_i \tag{5-2}$$

（3）Simpson 指数：

$$H = 1 - \sum_{I=1}^{S} P_i \log P_i \tag{5-3}$$

（4）Pielou 均匀度指数：

$$J = H \div \log S \tag{5-4}$$

（5）Patrick 丰富度指数：

$$R = S \tag{5-5}$$

式中，S 为样方中物种数目；P_i 为某物种 i 的个体数与该植被层中所有物种个体总数的比值。

（二）植物功能性状测定

在获取样方内植物地上生物量的同时测定植被的功能性状。参照功能性状测定规范，测定对象为样方中的优势种植物，其植株不少于 15 株。对每一种植物种类所选取所有个体的株高进行测量，剪下每个植株上没有病虫害且能够完全伸展的叶片，测定剪下的叶片的鲜重。将叶片铺展，利用便携式叶面积仪测量叶面积，并记录叶片数。将剪下的叶片浸泡于暗条件下的蒸馏水中，静置 12h，测定叶片的饱和鲜重。测量后将叶片放置于温度为 105℃的烘箱中，先杀青 0. 5h，后改变温度至 65℃，将叶片烘干至恒重，此时用万分之一的天平称量叶片生物量，叶片的干物质含量可根据叶片生物量与鲜重的比值计算得出。

（三）数据处理

所有数据通过 Excel 2010 进行保存与处理。用 SPSS 26. 0 软件对研究区植被与土壤数据进行单因素方差分析和 LSD 多重比较，检验样方间土壤及植被群落的组成及差异性研究。用 Origin 2021 对土壤与植被数据进行相关性分析和灰色关联分析，数据可视化在 Origin 2021 下完成。

二、不同坡位下草原植物群落区系特征

（一）科、属、种组成

通过对研究区不同坡位植物群落进行野外观测，调查后共发现 39 种植物，隶属 22 科 33 属，具体情况见表 5-2。

表 5-2　研究区草原植物科属种分析

科名	数量	属比重（%）	种比重（%）
禾本科	15. 15	6	15. 38
菊科	6. 06	3	7. 69

续表

科名	数量	属比重（%）	种比重（%）
旋花科	3. 03		2. 56
玄参科	3. 03		2. 56
鸢尾科	3. 03		2. 56
蔷薇科	3. 03	3	7. 69
豆科	12. 12	5	12. 82
藜科	3. 03		2. 56
石竹科	6. 06		5. 13
莎草科	3. 03		2. 56
百合科	3. 03		7. 69
十字花科	3. 03		2. 56
芸香科	3. 03		2. 56
毛茛科	3. 03		2. 56
亚麻科	3. 03		2. 56
报春花科	3. 03		2. 56
唇形科	3. 03		2. 56
大戟科	3. 03		2. 56
瑞香科	3. 03		2. 56
龙胆科	3. 03		2. 56
伞形科	3. 03	2	5. 13
紫草科	3. 03		2. 56

在研究区植物区系组成中，物种数最多的是禾本科，共5属6种。物种数所占比例为15. 38%，均为多年生草本，主要有针茅属、赖草属、隐子草属、冰草属和浴草属，植物种分别为克氏针茅、短花针茅、羊草、糙隐子草、冰草和浴草。植物种数次之的科是豆科，共4属5种，物种数占研究区植物类型的比重为12. 82%，4种多年生草本分别为岩黄芪属的短翼岩黄芪，黄芪属的乳白花黄芪和糙叶黄芪，扁蓿豆属的扁蓿豆，以及一种为锦鸡儿属的矮灌木，狭叶锦鸡儿。第三大科为菊科和石竹科，菊科共2属3种，物种数占研究区植物类型数的比重为7. 69%。共两属分别为蒿属和狗娃花属，蒿属包含多年生草本冷蒿和一年生、二年生草本碱蒿，狗娃花属为多年生草本阿尔泰狗娃花。石竹科有2属2种，分别是蚤缀属的多年生草本灯芯草蚤缀与蝇子草属的多年生草本山蚂蚱草。其次为蔷薇科，物种数占研究区植物类型数的比重为7. 69%，共1属3种，为委陵菜属，包括多年生草本的二裂委陵菜、轮叶委陵菜和菊叶委陵菜。

百合科有1属3种，3种均为葱属的多年生草本，分别为沙葱、蒙古葱和野韭，物种数占研究区植物类型数的比重为7. 69%。伞形科同样包含1属2种，两者均属柴胡属的多年生草本北柴胡和红柴胡。还有 12 种常见的多年生草本，如旋花科旋花属的银灰旋花，玄参科芯巴属的达乌里芯芭，鸢尾科鸢尾属的细叶鸢尾等；1 种紫草科鹤虱属的一年生、二年生草本鹤虱；2 种小半灌木，分别为藜科地肤属的木地肤与十字花科燥原荠属的燥原荠。

对研究区不同坡位植被进行调查发现，坡上植被共计 11 科 17 属 21 种，坡中植被共计 12 科 19 属 23 种，坡下植被共计 19 科 26 属 32 种（见表 5-3）。

表 5-3　研究区不同坡位植物种类组成

坡位	科	属	种
坡上	11	17	21
坡中	12	19	23
坡下	19	26	32

（二）生活型

生活型能够体现植物的结构和生理对外界不同环境适应的结果，可以在植物群落生态学研究中作为划分植物生态种组或植物生态功能群的基础。生活型相同的物种通常具有相类似的适应环境的能力或要求。通过查阅《中国植被》，将研究区植被按生活型分为一年生、二年生草本，多年生草本，小半灌木三种。从图 5-1 可以看出，在调查的植物群落中，多年生草本共计有 34 种，占总物种数的 87. 18%；小半灌木共有 3 种，占总物种数的 7. 69%，一年生、二年生草本总计只有 2 种，占总物种数的 5. 13%。其中坡上的 21 种植物中，共有 17 种多年生草本，1 种一年生、二年生草本和 2 种小半灌木；坡中的 23 种植物中有 20 种多年生草本，同样也有 1 种一年生、二年生草本和 2 种小半灌木；坡下的 32 种植物中有 28 种多年生草本，2 种一年生、二年生草本和 2 种小半灌木。在研究区的植物种中，多年生草本具有更大优势。

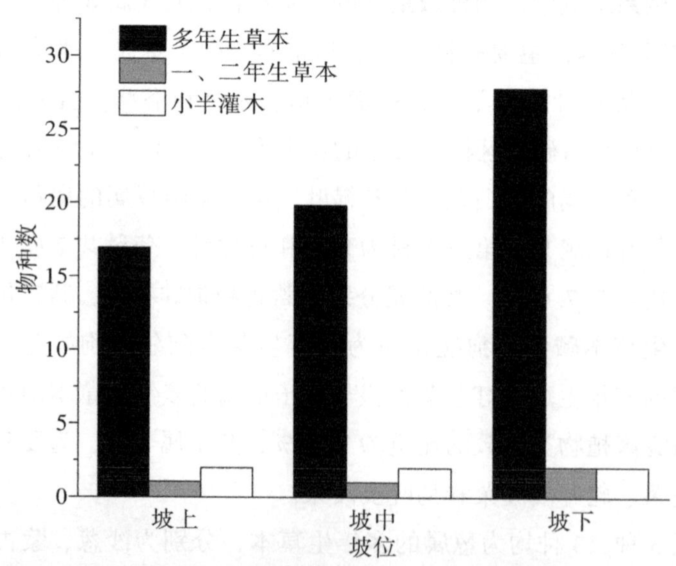

图 5-1　不同坡位植物区系的生活型

（三）水分生态类型

植物水分生态类型是依据植物对水分的依赖程度，按植物对水分状况的适应特性可划分为不同的水分生态类型。研究某地区的植物水分生态类型能够反映该地区的水分环境状态。

通过查阅《内蒙古植物志（第三版）》和《内蒙古维管植物分类及其区系生态地理分布》，将研究区调查到的物种划分为旱生、中旱生、旱中生和中生 4 种水分生态类型。由图 5-2 可知，研究区 39 种植物中，旱生植物最多，共有 27 种；中旱生植物次之，共有 6 种；旱中生植物种数排名第三，有 4 种；最少的为中生植物，只有 2 种；每种水分生态类型种数分别占总种数的 69. 23%、15. 38%、10. 26%和 5. 13%。其中，坡上有 16 种旱生植物，2 种中旱生植物，2 种旱中生植物，1 种中生植物；坡中有 17 种旱生植物，3 种中旱生植物，2 种旱中生植物，1 种中生植物；坡下有 20 种旱生植物，6 种中旱生植物，4 种旱中生植物，1 种中生植物。旱生植物更能够适应研究区的环境，体现了荒漠草原的基本性质，且坡下出现的植物种最多，因为坡下土壤的含水率及土壤养分等性质为植被的生长发育提供了良好的基础。

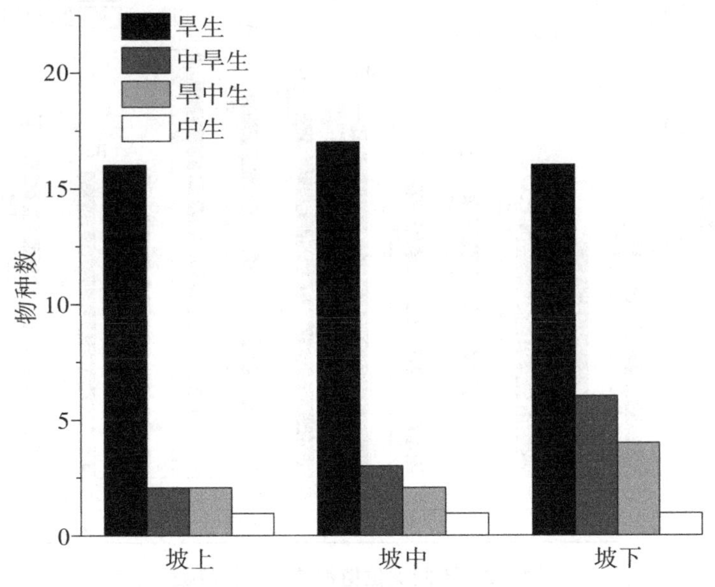

图 5-2　不同坡位植物区系的水分生态类型

（四）地理成分

植物区系地理是指植物科、属、种的组成在某些国家或地区的起源、演变的过程。植物区系地理成分可以按照其分布区类型进行划分，在植物分类方面，植物区系地理研究有着重要的意义。研究区草原植物区系地理成分较为复杂，主要以温带成分为主，其中东古北极分布种最多共计 17 种，占总数的 43. 58%，能够充分反映研究区草原植物群落的温带性质。此外，植物群落中亚洲中部分布种也占一定比例，对草原植物群落有一定影响。

三、不同坡位下草原植物群落结构特征

（一）高度、盖度特征

由图 5-3 可知，在植物生长季内，不同坡位对植物群落的盖度特征产生了不同的影响。从月份来看，8 月植被盖度达到最大，平均盖度为 66. 33%，6 月植被盖度最低，平均盖度为 40. 5%，两年植物的盖度随月份的变化先增高后降低。从坡位来看，坡下植物盖度的范围为 43%～72%，最高值出现在 8 月，最低值出现在 6 月；坡中建群种植物盖度范围为 40%～65%，植物盖度在 8 月达到最高值，在 6 月有最低值；坡上植物盖度的范围为 40%～62%，植株盖度同样在 8 月达到最高值，在 6 月有最低值。因此，在不同坡位的影响下，植物盖度总体呈现坡下>坡中>坡上，且植物群落的盖度在 8 月有最高值，在 6 月有最低值。通过对不同坡位植物群落盖度进行方差分析可以发现，2021 年植物群落的盖度在坡上与坡中间无显著差异，但与坡下有显著差异（P<0. 05）；2022 年植物群落的盖度在三个坡位间均有显著差异（P<0. 05）。

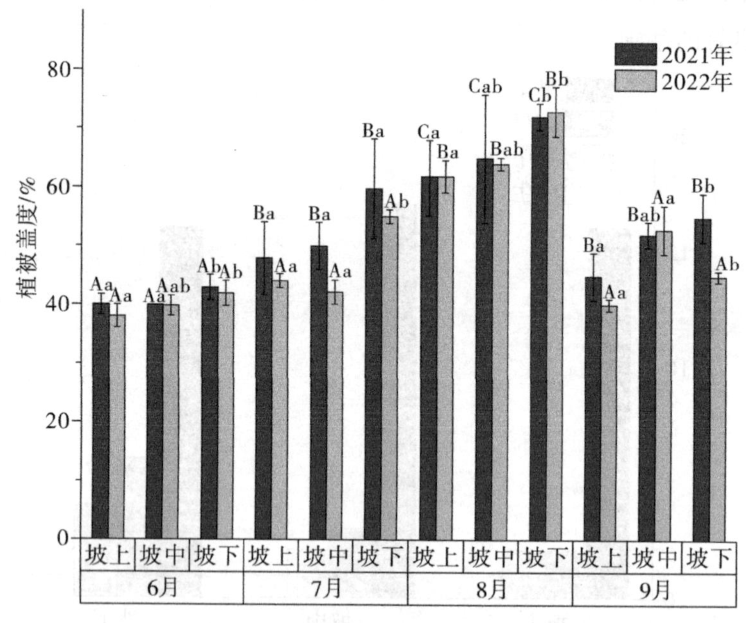

图 5-3 不同坡位植被盖度变化特征

由表 5-4、图 5-4 可知，植物群落建群种高度也随着坡位的变化而变化。从坡位来看，坡上植物群落的建群种高度取值范围为 23～48cm，高度在 9 月达到最高值，在 6 月有最低值；坡中植物群落的建群种高度的取值范围为 24～50cm，9 月最高，6 月最低；坡下植物群落的建群种高度的取值范围为 26～62cm，三个坡位植物建群种高度均在 9 月出现最高值，在 6 月出现最低值。研究区坡位整体同样呈现坡下植被盖度>坡中植被盖度>坡上植被盖度的趋势。对研究区植物群落建群种高度进行方差分析及显著性检验，可以发现只有 8 月时三个坡位植物群落建群种高度间有显著差异（P<0. 05），其他月份植物群落的建群种

高度在坡上与坡中没有显著的差异性，但与坡下的建群种高度间有显著的差异（P<0.05）。这是因为研究区坡下土壤含水率、土壤养分含量较高，植物群落的盖度和建群种高度均会随着养分含量的增多而增加。

表 5-4　不同坡位下研究区植被盖度和高度的变化特征

坡位	调查月份	高度（cm）	2021 盖度（%）	高度（cm）	2022 盖度（%）
坡上	6	23±0.82Aa	40±1.70Aa	28±0.82Aa	38±2.05Aa
坡中	6	24±1.25Aab	40±0.00Aa	32±1.25Aab	40±1.63Aab
坡下	6	26±0.47Ab	43±2.05Ab	34±2.94Ab	42±2.36Ab
坡上	7	33±4.71Ba	48±6.24Ba	32±7.59Aa	44±1.25Aa
坡中	7	33±2.36Ba	50±4.08Ba	36±3.56Aab	42±2.36Aa
坡下	7	45±0.94Bb	60±8.16Ba	46±1.41Ab	55±1.25Ab
坡上	8	38±2.36Ba	62±6.24Ca	36±2.49Aa	62±2.62Ba
坡中	8	40±4.08Ba	65±10.8Cab	41±0.82Ab	64±1.25Bab
坡下	8	47±6.24Bb	72±2.36Cb	47±2.16Ac	73±4.19Bb
坡上	9	48±2.94Ca	45±4.08Ba	30±4.08Aa	40±1.25Aa
坡中	9	50±7.07Ca	52±2.36Bab	33+1.25Aa	53±4.08Aa
坡下	9	62±4.03Cb	55±4.08Bb	35±4.08Aa	45±0.82Ab

注：同列大写字母不同表示同一坡位不同月份间差异显著（P<0.05），同列小写字母不同表示同一月份不同坡位间差异显著（P<0.05）。

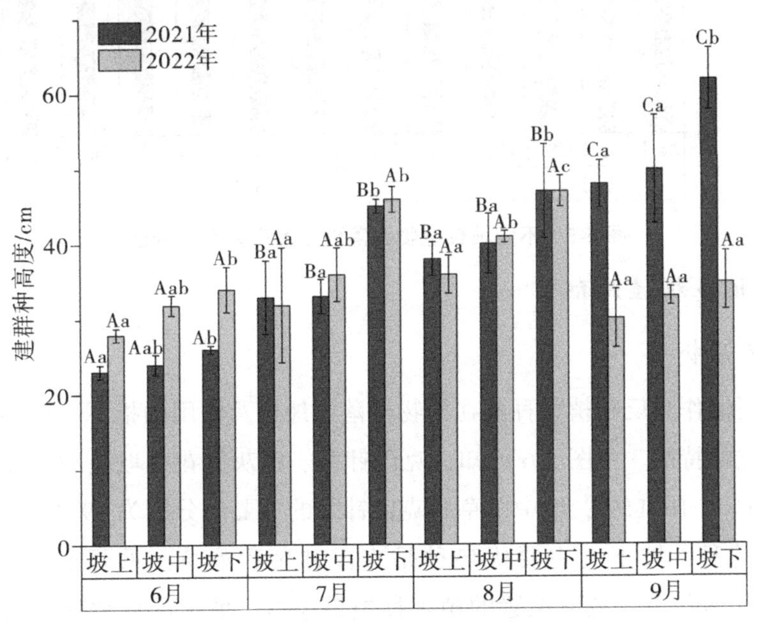

图 5-4　不同坡位建群种植物高度变化特征

（二）群落生产力特征

地上生物量是由植物的区系组成、群落盖度和高度等结构特征共同作用，产生了能够体现植物地表生产力的量化指标。从图 5-5 可以看出，整个研究区的植被地上生产力整体随着时间的增加呈现由低至高再到低的变化，植被生产力含量在 7 月达到最高值，地上生产力总含量为 2238. 14g，坡上植物地上生物量为 692. 78g，坡中植物地上生物量为 732. 45g，而坡下植物地上生物量为 812. 91g。但 9 月后，随着研究区气温的降低，大部分植物开始枯萎，群落的地上生物量逐渐降低，坡上平均地上生物量为 150. 5g 和 167. 0g，坡中地上生物量分别为 192. 3g 和 194. 2g，坡下地上生物量分别为 216. 6g 和 215. 6g。通过对比不同坡位的植物群落的地上生物量可以发现，4 个月份的植物地上生物量整体均呈现出坡下>坡中>坡上的趋势。从坡位来看，坡下植物群落的地上生物量与坡中坡上地上生物量有显著的差异（$P<0.05$）。

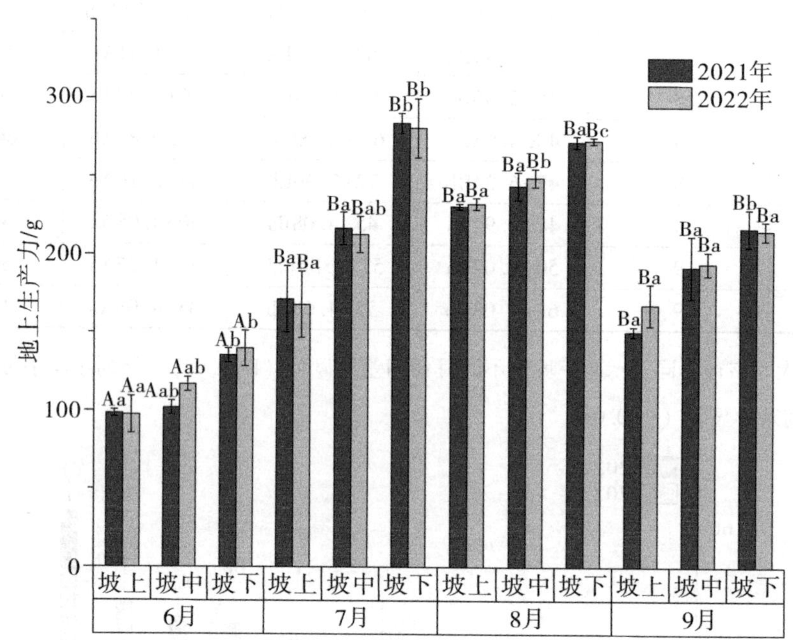

图 5-5　不同坡位植物群落地上生产力变化特征

（三）生物多样性特征

1. 重要值分析

植物的重要值作为反映植物种群在植物群落中地位及作用的指标，能够反映草原植物群落随坡位变化的特征。由图 5-6 可知，克氏针茅、银灰旋花是坡上的主要优势种，重要值分别为 47. 81%、16. 11%；坡中羊草和克氏针茅的重要值分别为 39. 12%和 33. 87%，是坡中主要的优势种，坡下的主要优势种是克氏针茅和冰草，重要值分别为 43. 63%和 27. 62%。在三个坡位中，坡下位置的植被种类最丰富，坡上的植被种类最少，三个坡位下克氏针茅均为主要优势种，禾本科的羊草、冰草、银灰旋花和达乌里芯芭等均为草原区常见的生长优势性强的植物。

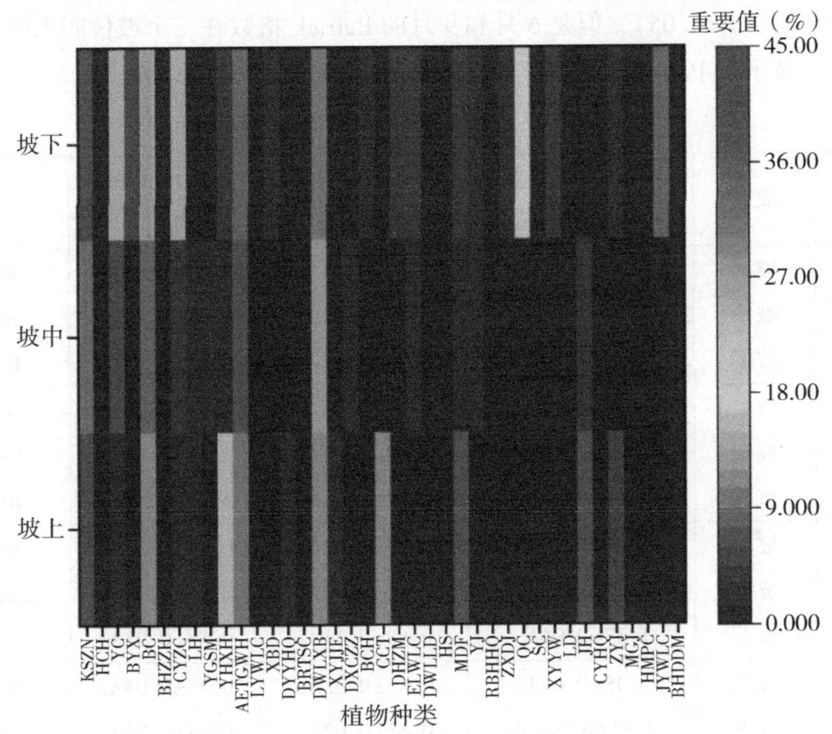

图 5-6　不同坡位下植物的重要值热度

注：KSZM：克氏针茅；HCH：红柴胡；YC：羊草；BYX：北芸香；BC：冰草；BHZZH：白花枝子花；CYZC：糙隐子草；LH：冷蒿；SGYM 宿根亚麻；YHXH：银灰旋花；AETGWH：阿尔泰狗娃花；LYWLC：轮叶委陵菜；XBD：葙扁豆；DYYHQ：短翼岩黄芪；BRTSC：瓣蕊唐松草；DWLXB：达乌里芯芭；XYJE：狭叶锦鸡儿；DXCZZ：灯芯草蚤缀；BCH：北柴胡；CCT：寸草薹；DHZM：短花针茅；ELWLC：二裂委陵菜；DWLLD：达乌里龙胆；HS：鹤虱；MDF：木地肤；YJ：野韭；RBHHQ 乳白花黄芪；ZXDJ：锥腺大戟；QC：潜草；SC：沙葱；XYYW：细叶鸢尾；LD：狼毒；JH：碱蒿；CYHQ：糙叶黄芪；ZYJ：燥原芥；MGJ：蒙古韭；HMPC：旱麦瓶草；JYWLC：菊叶委陵菜；BHDDM：白花点地梅；

2. α 多样性研究

植物群落的多样性能反映生态系统的特征，体现植物群落结构内部与周边环境两者之间的变化，是人类认识、了解生态系统功能与结构变化的基础。

表 5-5 表示两年间植物群落 α 多样性的变化。从表 5-5 中能够看出，在植被生长季，植物群落的 Shannon-Wiener 指数会随海拔的降低逐渐升高。从时间来看，7 月、8 月植物群落的 Shannon-Wiener 指数较高，9 月植物群落的 Shannon-Wiener 指数最低；从坡位上看，植物群落的 Shannon-Wiener 指数在坡上与坡下间有显著的差异性（P<0. 05），具体表现为坡下>坡中>坡上。Simpson 指数同样在研究区不同的坡位间有显著的差异性（P<0. 05），整体的变化趋势同样表现为坡下>坡中>坡上。从坡位方面看，三个坡位间的 Pielou 指数差异不显著，从数值上看坡下的 Pielou 指数有最高值，具体表现为坡上>坡中>坡下。从研究区植物群落的 Patrick 指数来看，7 月、8 月植物群落的 Patrick 指数在坡中与

坡下间较为显著（P<0.05），但是6月和9月的Patrick指数在三个坡位间无明显差异，且三个坡位中，坡下的Patrick指数拥有最高值。

表5-5　不同坡位下植物群落的α多样性

调查时间	坡位	香浓-维纳指数 Shannon-Wiener	辛普森指数 Simpson	均匀度指数 Pielou	丰富度指数 Patrick
2021年6月	坡上	1.29±0.02Aab	0.58±0.03Aa	0.71±0.02Aa	8±1.25Aa
	坡中	1.38±0.01Ab	0.60±0.07Aa	0.67±0.07Aa	8±1.41Aa
	坡下	1.40±0.01Ab	0.78±0.02Ab	0.57±0.05Aa	10±1.69Aa
2022年6月	坡上	1.37±0.02Aa	0.56±0.04Aa	0.71±0.05Aa	4±0.47Aa
	坡中	1.49±0.04Aab	0.62±0.04Aa	0.60±0.02Ab	7±2.49Aab
	坡下	1.56±0.08Aa	0.67±0.03Aa	0.64±0.01Aab	10±2.49Ab
2021年7月	坡上	1.23±0.05Aa	0.58±0.02Aa	0.70±0.03Ab	8±2.49Aa
	坡中	1.30±0.04Aab	0.40±0.24Ab	0.56±0.01Aa	12±0.47Aab
	坡下	1.37±0.04Ab	0.69±0.15Aa	0.53±0.03Aa	13±0.94Ab
2022年7月	坡上	1.48±0.05Aa	0.39±0.02Ab	0.75±0.04Aa	9±0.94Aa
	坡中	1.51±0.04Aab	0.65±0.02Ac	0.64±0.03Aa	8±1.63Aa
	坡下	1.60±0.03Ab	0.75±0.04Aa	0.39±0.07Ab	9±1.25Aa
2021年8月	坡上	1.29±0.06Aa	0.38±0.03Ab	0.70±0.01Aa	8±0.47Aa
	坡中	1.36±0.03Aa	0.47±0.04Ab	0.60±0.04Ac	8±0.47Aa
	坡下	1.45±0.05Aa	0.72±0.02Aa	0.45±0.05Ab	14±1.25Ab
2022年8月	坡上	137+0.26Aa	0.67±0.02Aa	0.80±0.03Aa	7±1.25Aa
	坡中	1.62±0.09Ab	0.77±0.02Ab	0.76±0.04Aa	8+1.63Aa
	坡下	1.66±0.07AH	0.78±0.01Ab	0.71±0.07Aa	8±0.00Aa
2021年9月	坡上	0.67±0.03Ba	0.56±0.03Aab	0.68±0.03Aa	8±3.30Aa
	坡中	0.56±0.13Bab	0.67±0.02Aa	0.64±0.02Aa	8±0.82Aa
	坡下	0.73±0.05Bb	0.73±0.04Ab	0.66±0.01Aa	11±0.82Aa
2022年9月	坡上	1.30±0.12Aa	0.54±0.03Ab	0.82±0.02Aa	6±0.94Aa
	坡中	1.20±0.34Aa	0.52±0.04Ab	0.73±0.04Aa	9±0.94Ab
	坡下	1.40±0.39Aa	0.71±0.01Aa	0.51±0.06Ab	6±1.25Aa

第二节　坡位变化对草原优势植物功能性状的影响

地形会影响土壤与环境的能量与物质交换，从而影响草地生态系统。本节通过野外实验分析坡位对植物优势种功能性状的影响，探讨微地形与草原植物群落的关系，为草原区草地资源的合理利用提供理论指导和科学依据。

一、优势植物整株性状随坡位变化特征

植物的形态特征通常可以直接作为表达植物对周边环境所适应的指标，多数植物都能通过改变自身的性状特征来适应外部环境条件，因此可以通过研究植物的功能性状来体现研究区植物对周边环境的适应程度与策略。经过前期对研究区样方植被的调查研究，确定了草原的 4 种优势种，分别为达乌里芯巴、银灰旋花、羊草和克氏针茅。本节对其在不同坡位的变化规律进行分析。

（一）株高特征

植株高度可以作为植物群落综合数量的指标进行计算测量。从图 5-7 可以看出，在三种坡位因素的影响下，达乌里芯芭、银灰旋花、羊草和克氏针茅均出现不同程度的变化趋势。达乌里芯芭的植株高度呈现坡下>坡中>坡上，且坡上和坡下株高间存在显著差异（$P<0.05$）。银灰旋花的植株高度总体呈现坡下>坡中>坡上的趋势，三个坡位间银灰旋花的植株高度存在差异性（$P<0.05$）。羊草的植株高度表现为坡下>坡上>坡中，但坡位间植株高度无明显差异。克氏针茅的植株高度总体呈现坡下>坡上>坡中，坡下与坡中、坡上之间具有显著的差异性（$P<0.05$）。

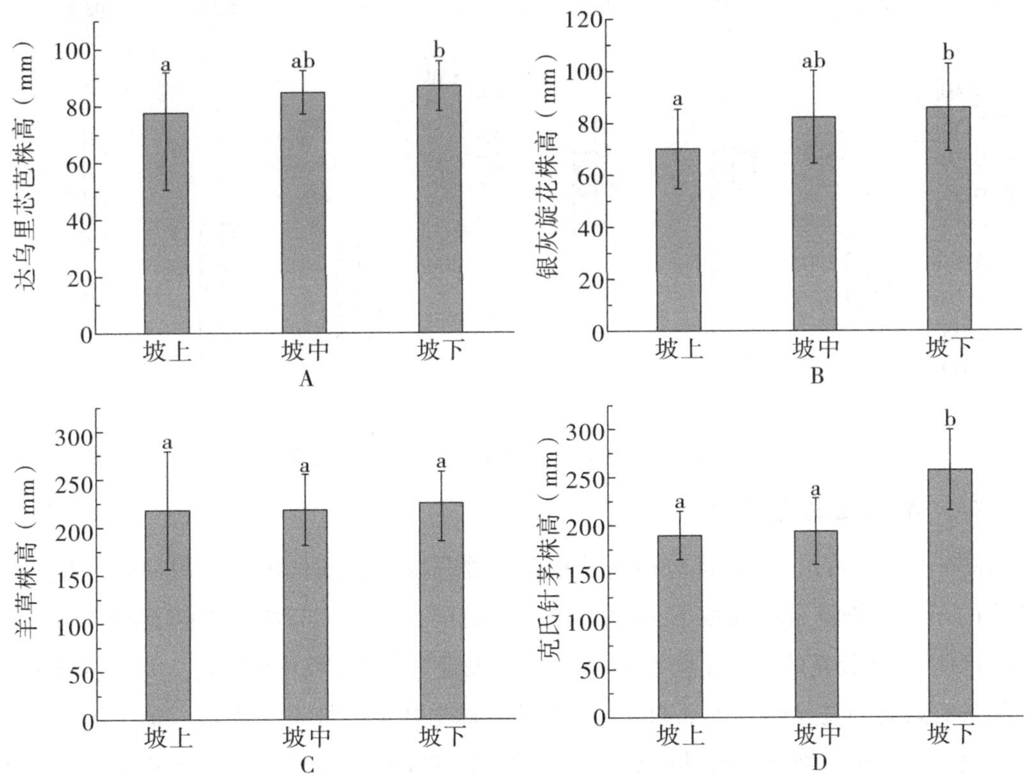

图 5-7　不同坡位下优势植物的株高变化

（二）整株鲜重特征

从图 5-8 可以看出，4 种优势植物的整株鲜重随坡位的变化产生了变化。达乌里芯芭的整株鲜重表现为坡下>坡中>坡上，坡下达乌里芯芭的整株鲜重与坡上达乌里芯芭的整株鲜重具有显著的差异性（P<0.05）。银灰旋花的整株鲜重表现为坡下>坡上>坡中，坡上、坡中银灰旋花的单株植物鲜重与坡下银灰旋花的单株植物鲜重间具有显著的差异性（P<0.05）。羊草单株植物鲜重表现为坡下>坡中>坡上，坡上羊草鲜重与坡下、坡中羊草鲜重具有显著的差异性（P<0.05）。克氏针茅的整株鲜重与羊草的整株鲜重类似，同样出现坡下>坡中>坡上的变化规律，但坡上、坡中、坡下三个坡位间的整株植物性状没有明显的差异性。

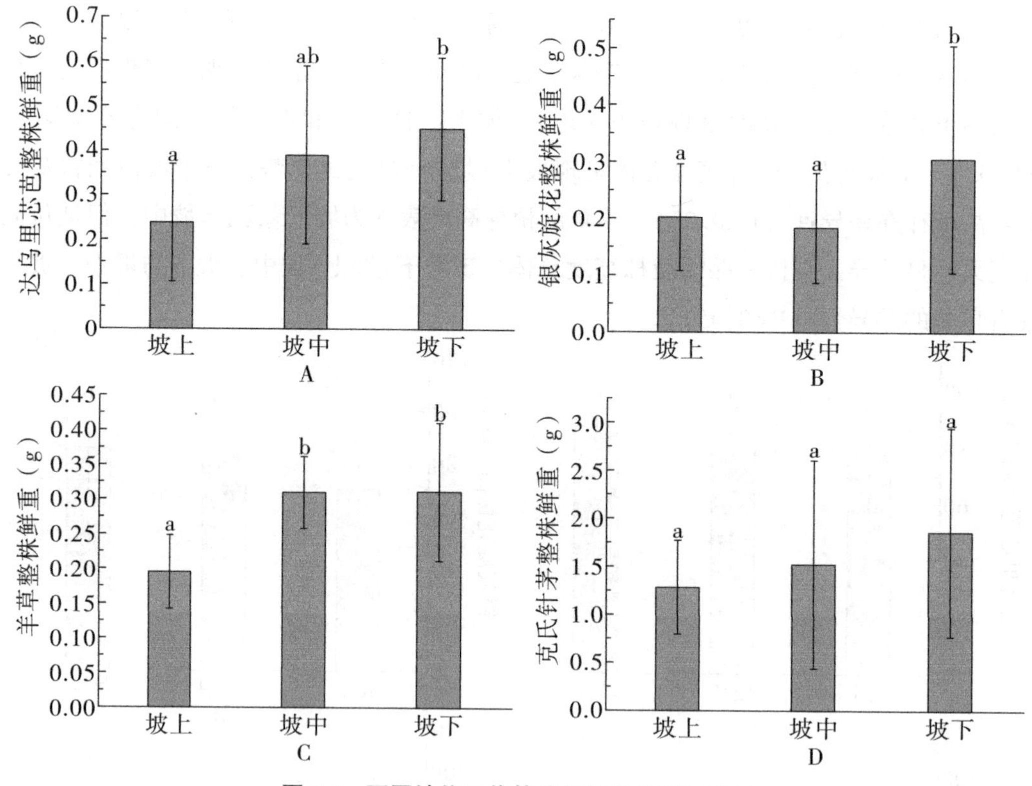

图 5-8　不同坡位下优势植物的单株鲜重变化

（三）单株生物量特征

从图 5-9 可以看出，4 种优势植物的单株生物量随坡位同样出现了规律性变化。达乌里芯芭的单株生物量表现为坡下>坡中>坡上的趋势，而坡上与坡下之间具有显著差异性（P<0.05）。银灰旋花的单株生物量随坡位变化表现为坡下>坡中>坡上，坡下与坡中、坡下之间具有显著的差异性（P<0.05）。羊草的单株生物量在坡下出现最大值，坡上出现最小值，坡上与坡中、坡下之间具有显著差异性（P<0.05）。克氏针茅的单株生物量总体呈现坡下>坡中>坡上，但三个坡位间的单株生物量无明显差异。

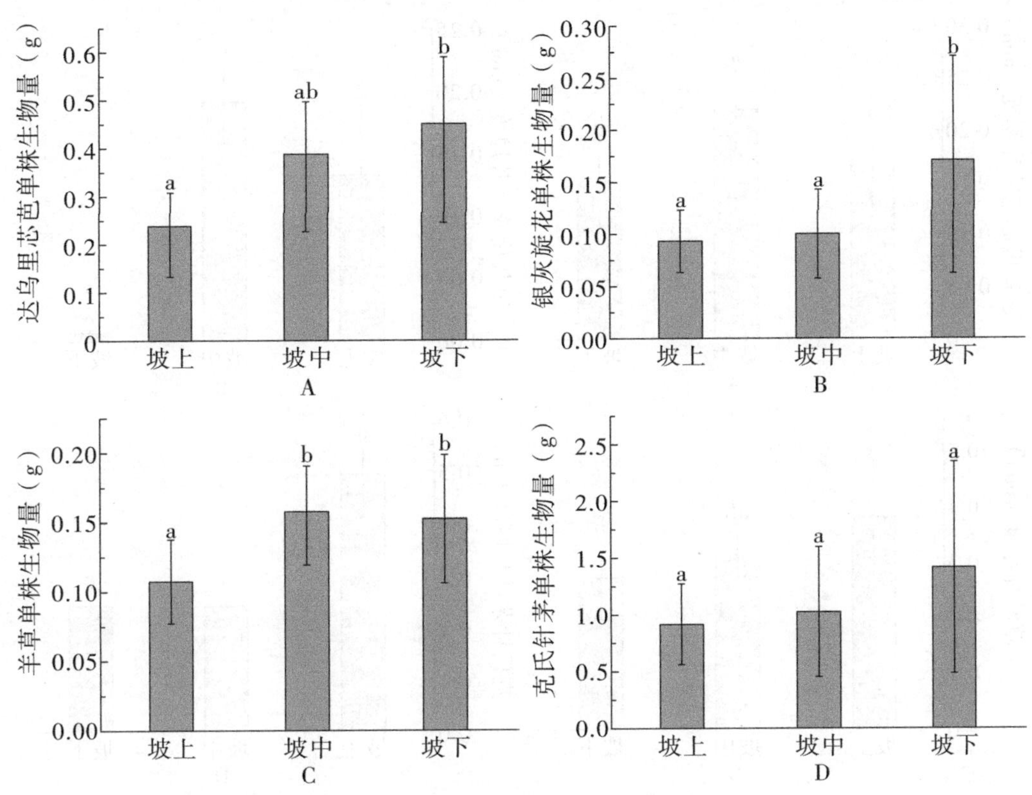

图 5-9　不同坡位下优势植物的单株生物量变化

二、优势植物叶片性状随坡位变化特征

（一）叶片厚度与叶片长度特征

4 种优势植物的叶片长度与叶片厚度也随坡位的变化而发生了改变，具体情况见图 5-10 与图 5-11。

从图 5-10 中可以看出，达乌里芯芭的叶片长度表现出坡下>坡中>坡上的规律，坡下与其他两坡位间具有明显的差异性（$P<0.05$）；但达乌里芯芭的叶片厚度随坡位变化表现为坡中>坡上>坡下，坡上、坡中和坡下间达乌里芯芭的叶片厚度具有明显的差异性（$P<0.05$）。银灰旋花的叶片长度在坡下出现了最大值，叶片厚度则在坡上有最大值，三个坡位间银灰旋花的叶片长度无明显差异性，但坡上、坡中和坡下三个坡位间银灰旋花的叶片厚度具有明显的差异性（$P<0.05$）。

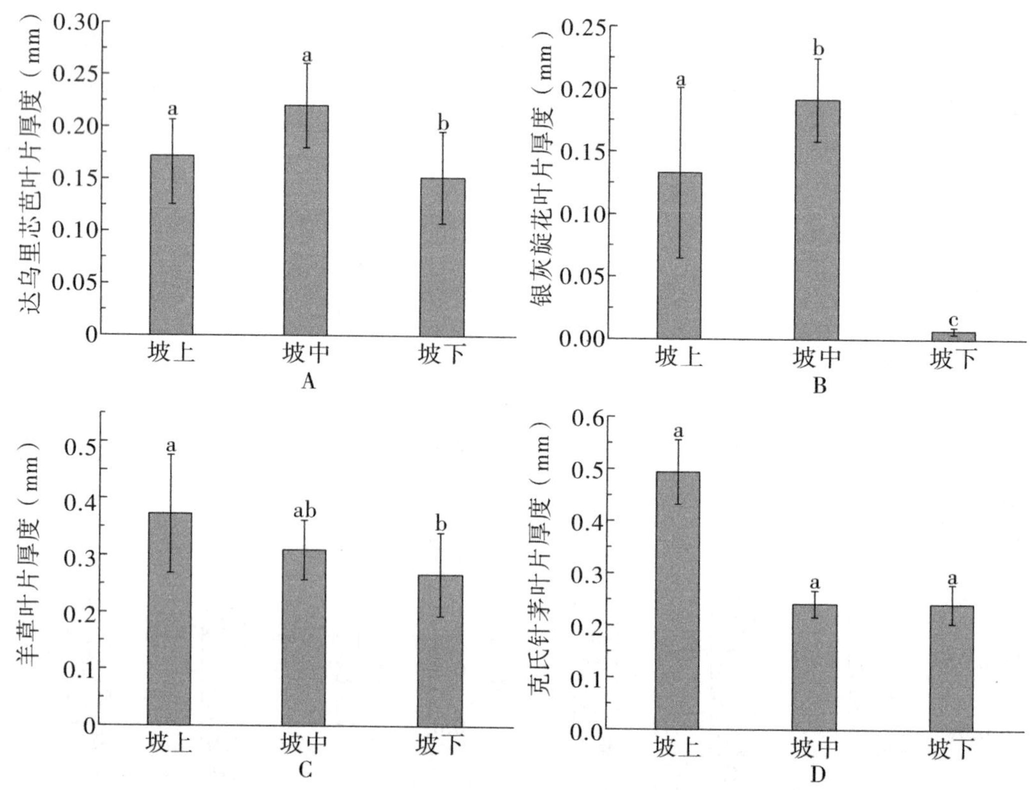

图 5-10　不同坡位下优势植物的叶片厚度变化

从图 5-11 中可以发现，羊草的叶片长度随坡位的下降逐渐增高，叶片厚度则表现为坡中>坡上>坡下，其中坡上与坡下间叶片长度具有明显的差异性（P<0. 05），叶片厚度同样表现为坡上>坡中>坡下，且叶片厚度在三个坡位间差异不明显。克氏针茅的叶片长度均表现为坡下>坡中>坡上，克氏针茅的叶片厚度表现为坡上>坡中>坡下，但克氏针茅的叶片厚度在三个坡位间没有显著的差异性，坡下的叶片长度与坡中、坡上的叶片长度间具有显著的差异性（P<0. 05）。

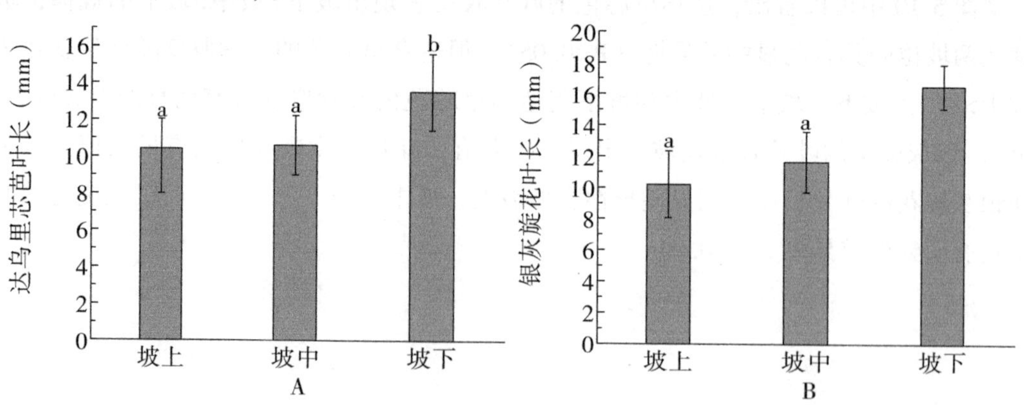

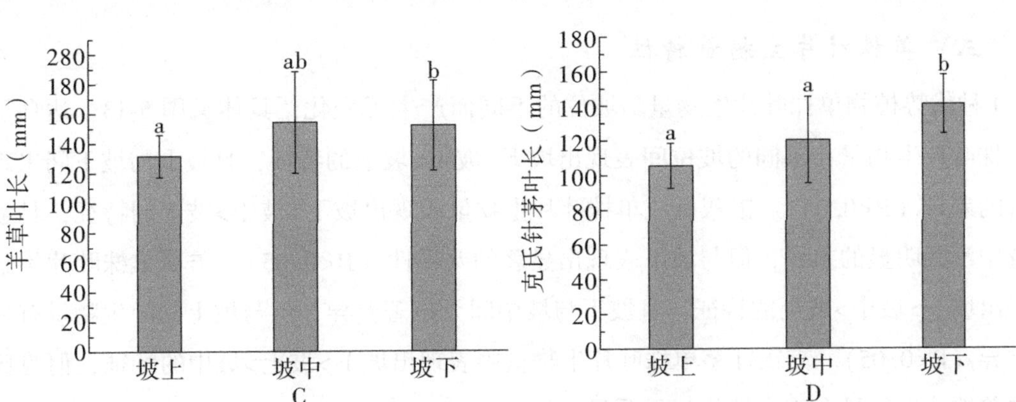

图 5-11　不同坡位下优势植物的叶片长度变化

（二）叶片鲜重特征

4 种优势植物的叶片鲜重随坡位的变化而产生了变化。图 5-12 表明，达乌里芯芭的叶片鲜重随坡位产生了变化，表现出坡下>坡中>坡上的趋势，达乌里芯芭的叶片鲜重在坡下与坡上间产生了显著的差异性（P<0. 05）。银灰旋花的叶片鲜重在三个坡位间表现出坡下>坡中>坡上，坡上与坡中间无明显差异，但与坡下有显著的差异性（P<0. 05）。羊草叶片的鲜重表现出坡下>坡中>坡上，且坡中与坡下间没有差异性，但与坡上有显著的差异性（P<0. 05）。克氏针茅叶片的鲜重表现为坡下>坡中>坡上，但克氏针茅的叶片的鲜重在三个坡位间没有表现出明显的差异性。

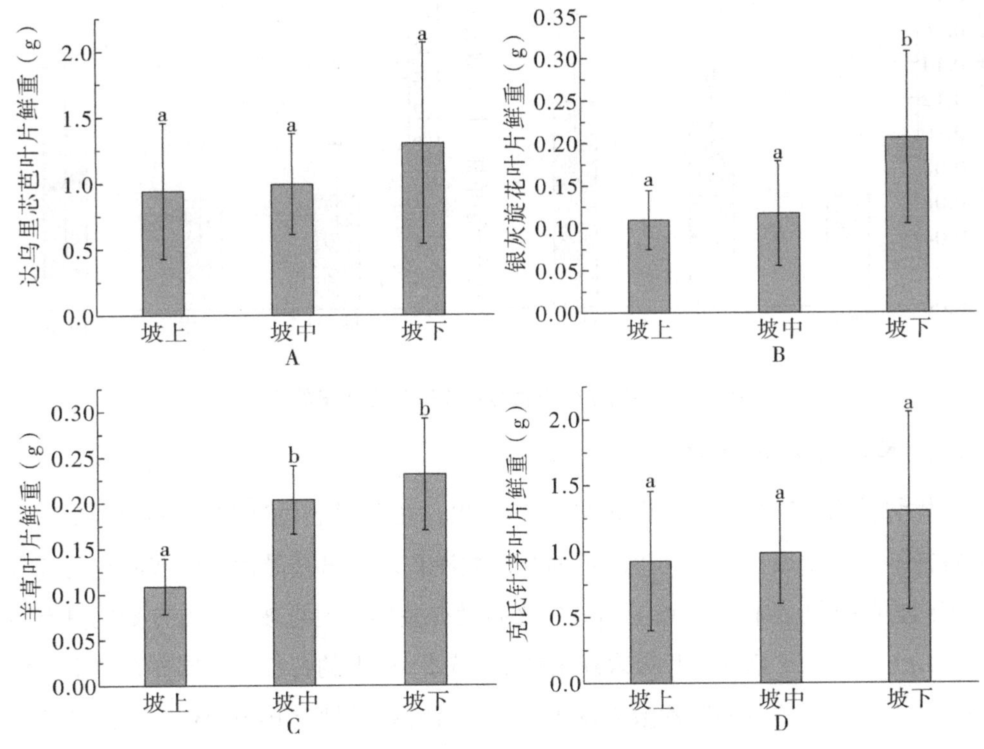

图 5-12　不同坡位下优势植物叶片的鲜重变化

（三）单株叶片生物量特征

4 种优势植物单株叶片生物量随坡位的不同而产生了变化，具体见图 5-13。达乌里芯芭单株叶片生物量在不同的坡位间表现出坡下>坡中>坡上的特征，且坡上与坡下间出现了显著的差异（P<0.05）。银灰旋花单株叶片生物量表现出坡下>坡中>坡上的特征，且坡上与坡中没有明显的差异，但与坡下表现出显著的差异性（P<0.05）。羊草单株叶片生物量表现出坡下>坡中>坡上的特征，且坡下与坡中间无显著差异，但与坡上的叶生物量有显著的差异（P<0.05）。克氏针茅单株叶片生物量则表现出坡下>坡上>坡中的特征，但克氏针茅的单株叶生物量在三个坡位间无明显差异。

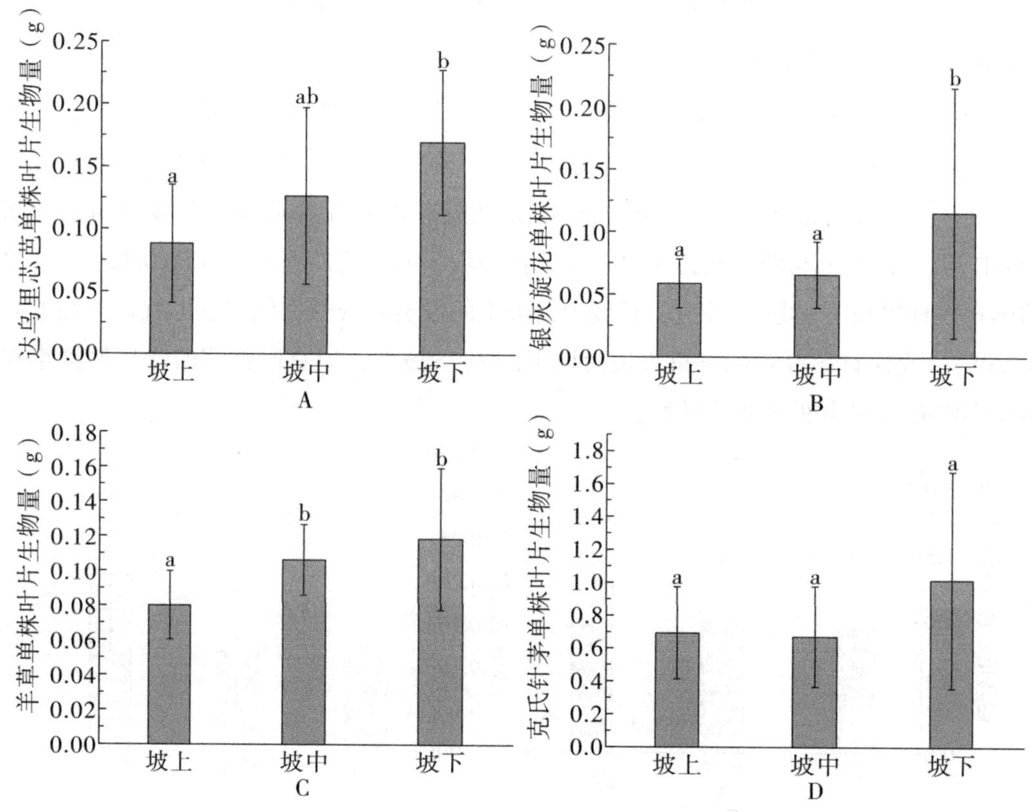

图 5-13　不同坡位下优势植物叶片生物量的变化

（四）单株叶片数特征

对于优势植物的叶片数，从图 5-14 可以看出，达乌里芯芭叶片数表现出坡下>坡上>坡中的特征，但三个坡位间达乌里芯芭的叶片数没有表现出差异性。银灰旋花的叶片数表现出坡下>坡中>坡上的特征，坡上与坡中之间没有差异，但与坡下的叶片数间具有显著的差异性（P<0.05）。羊草的叶片数表现出坡下>坡中>坡上的特征，且同样在坡上、坡中无显著差异，而与坡下羊草的叶片数表现出现了显著的差异性（P<0.05）。克氏针茅叶片数表现为坡中近似等于坡下，但大于坡上，但三个坡位间克氏针茅的叶片数没有显著的差

异性。

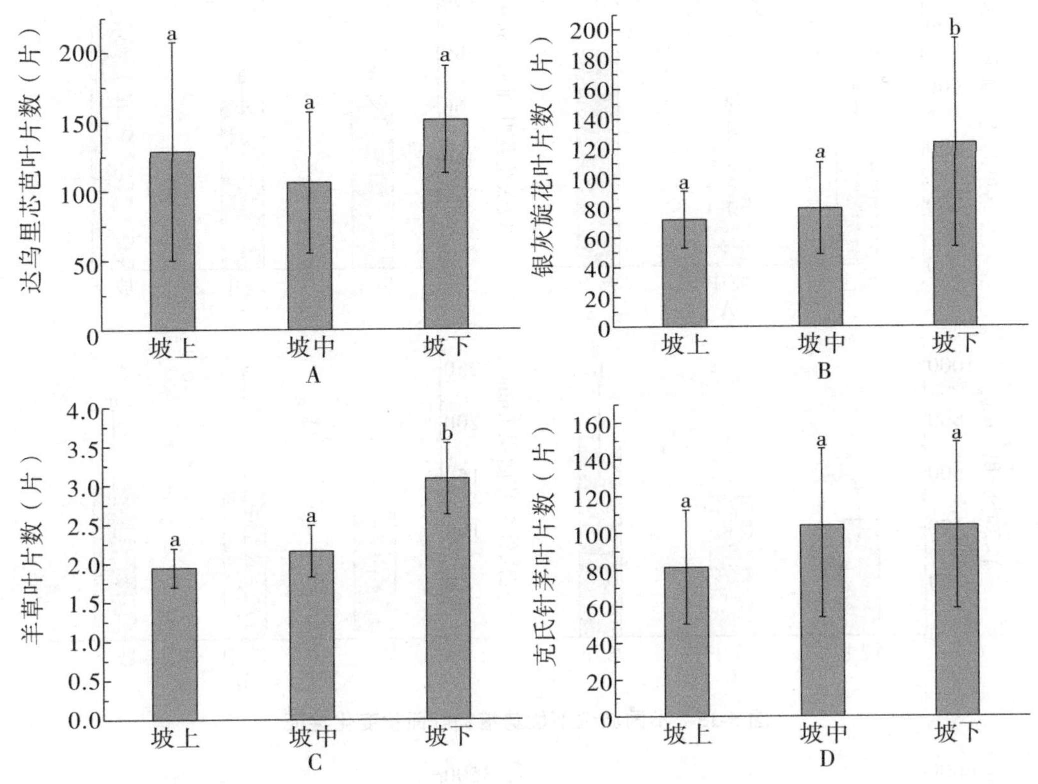

图 5-14　不同坡位下优势植物叶片数变化

（五）叶面积、比叶面积特征

从图 5-15 可以发现，达乌里芯芭的叶面积在坡下出现了最大值，表现出坡下>坡中>坡上的特征，而坡上与坡中达乌里芯芭的叶面积没有显著的差异性，但两者与坡下的叶面积之间有显著差异（$P<0.05$）。银灰旋花的叶面积在三个坡位间没有显著的差异，但在数值上表现出坡下>坡上>坡中的特征。羊草的叶面积表现出坡下>坡中>坡上的特征，同样在坡上与坡中位置羊草的叶面积没有显著差异，但与坡下羊草的叶面积有显著的差异性（$P<0.05$）。克氏针茅的叶面积在三个坡位间也没有显著的差异，但数值上表现为坡下>坡中>坡上。

在比叶面积方面，从图 5-16 可以看出，达乌里芯芭的比叶面积表现出坡下>坡中>坡上的特征，但坡中与坡下比叶面积之间没有显著差异，与坡上的达乌里芯芭的比叶面积间有显著的差异性（$P<0.05$）。银灰旋花的比叶面积则表现出坡下>坡中>坡上的特征，且坡上与坡下银灰旋花的比叶面积具有显著的差异性（$P<0.05$）。羊草的比叶面积则表现出坡上>坡中>坡下的特征，且三个坡位间羊草的比叶面积间无显著差异性。克氏针茅的比叶面积同样表现出坡上>坡中>坡下的特征，且坡上与坡下的比叶面积间具有显著的差异性（$P<0.05$）。

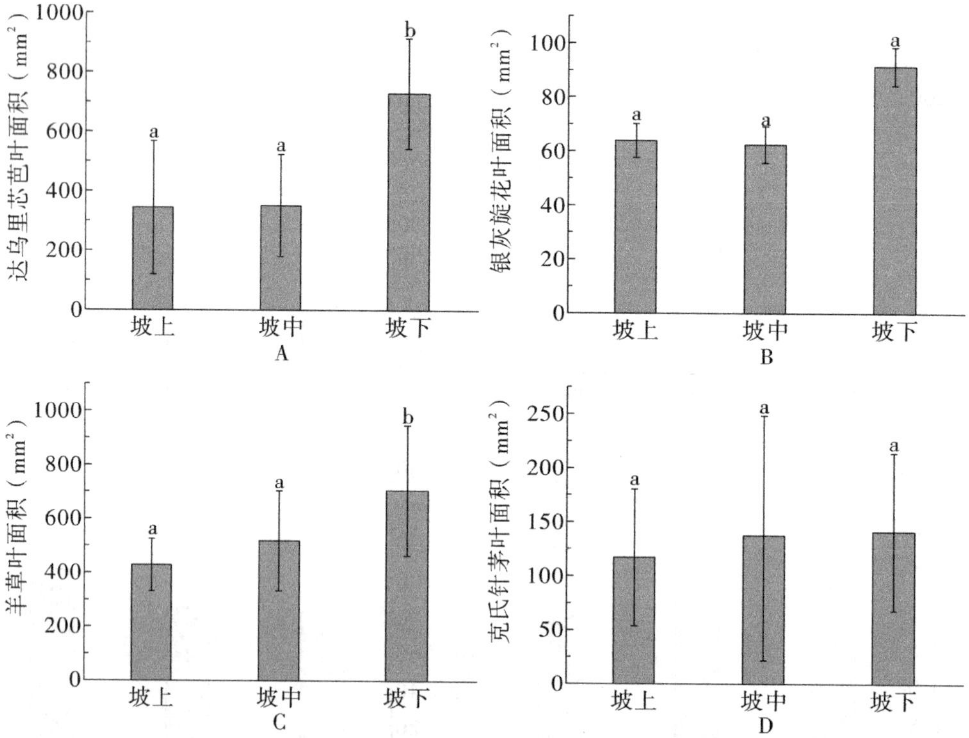

图 5-15　不同坡位下优势植物叶面积变化特征

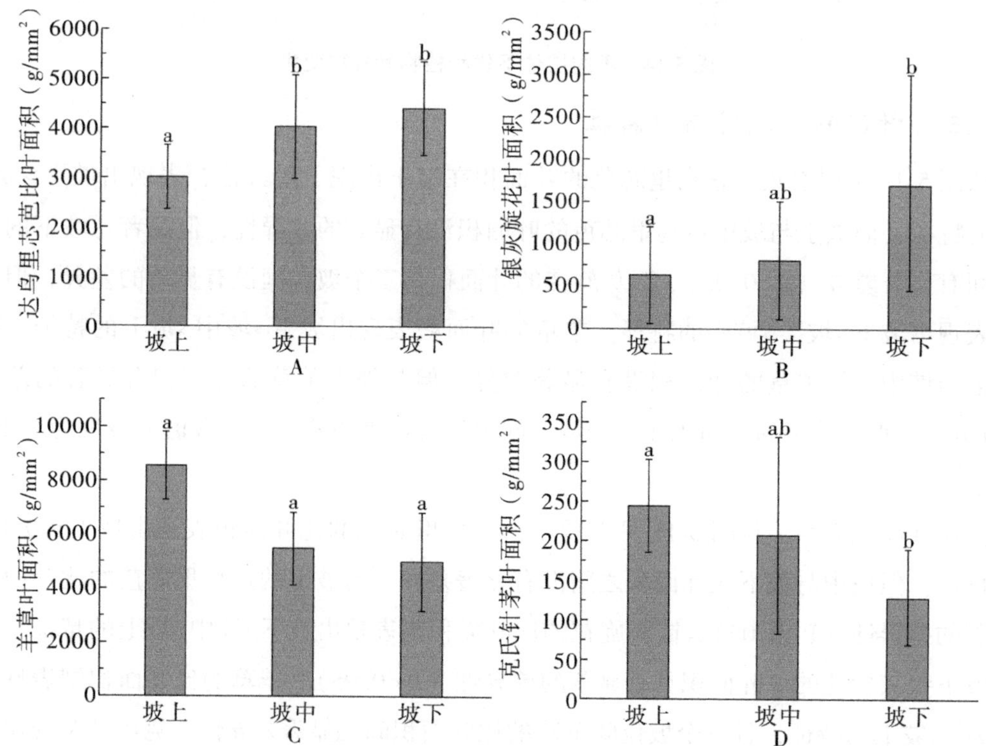

图 5-16　不同坡位下优势植物比叶面积变化特征

（六）叶片干物质含量特征

4种优势植物的叶片干物质含量随坡位变化特征如图5-17所示，其中，达乌里芯芭叶片的干物质含量表现出坡下>坡中>坡上的特征，且坡上与坡下的达乌里芯芭的叶片干物质含量有显著的差异性（P<0.05）。银灰旋花叶片的干物质含量表现出坡下>坡中>坡上的特征，且银灰旋花的叶片干物质含量在三个坡位间无显著差异。羊草叶片的干物质含量表现出坡下>坡中>坡上的特征，其干物质含量在三个坡位间同样无显著差异。克氏针茅叶片的干物质含量同样表现出坡下>坡中>坡上的特征，克氏针茅叶片的干物质含量在三个坡位间无显著差异。

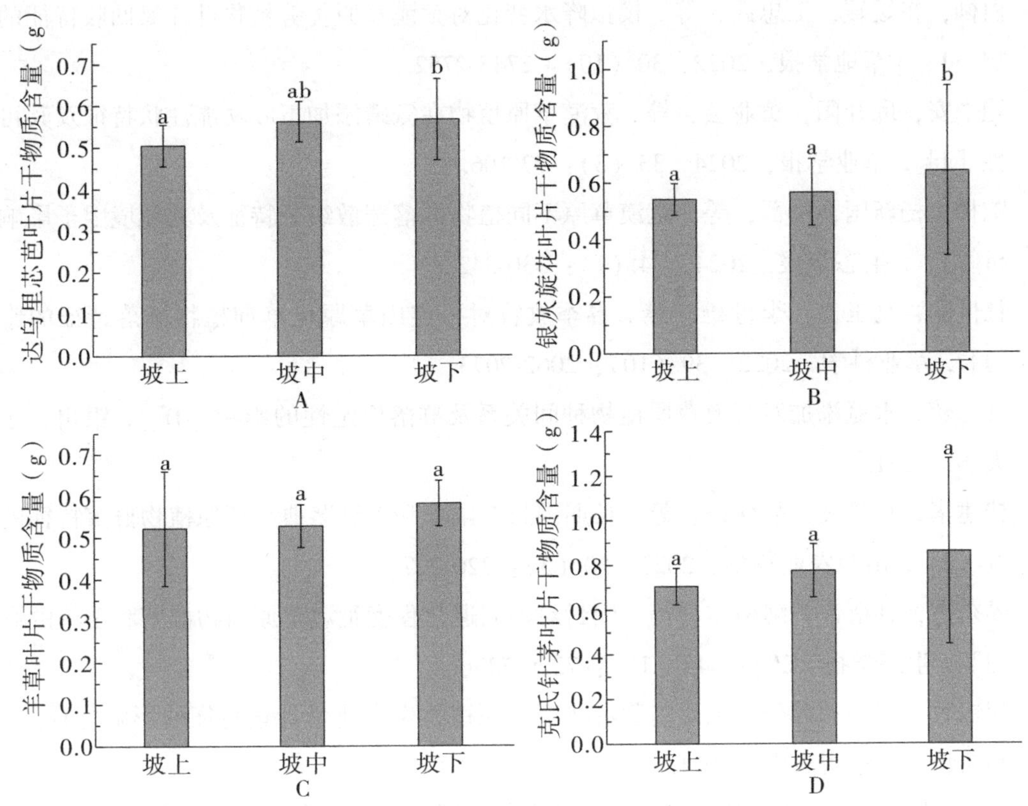

图5-17　不同坡位下优势植物叶片干物质含量变化特征

参考文献

[1] 白柳，崔媛媛，刘倬彤，等．模拟降水对荒漠草原优势植物碳、氮化学计量特征的影响［J］．中国草地学报，2023，45（1）：23-32.

[2] 白柳，崔媛媛，王忠武，等．模拟降水变化对荒漠草原优势植物叶片氮回收特征的影响［J］．草地学报，2022，30（10）：2745-2752.

[3] 鲍平安，邱开阳，黄业芸，等．荒漠草原植物在氮磷添加下叶功能性状特征及其可塑性［J］．草业学报，2024，33（3）：97-106.

[4] 陈林，杨新国，王磊，等．荒漠草原不同植物群落蒸散组分特征及其环境因子影响分析［J］．生态学报，2024，44（1）：330-342.

[5] 杜世丽，马玉寿，李世雄，等．春季放牧对祁连山草原化草甸植物群落特征的影响［J］．草业科学，2022，39（10）：2062-2073.

[6] 杜忠毓．水氮添加对荒漠草原植物种间关系及群落稳定性的影响［D］．银川：宁夏大学，2021.

[7] 桂建华，马腾飞，胡姝娅，等．长期围封对羊草和大针茅典型草原植物群落特征的影响［J］．山西农业科学，2022，50（5）：720-727.

[8] 侯东杰，韩蓓蕾，阿格尔，等．围封对不同退化程度荒漠草原植物群落和土壤的影响［J］．生态学报，2023，43（17）：7226-7236.

[9] 胡锦香．刈割和养分添加对内蒙古典型草原植物生态化学计量特征的影响［D］．呼和浩特：内蒙古大学，2021.

[10] 黄丽菊，杨磊，李文超，等．甘肃马先蒿入侵对巴音布鲁克草原植物群落特征的影响［J］．草业科学，2024，41（1）：1-14.

[11] 加曼草．返青期放牧对高寒草甸冬季牧场植物群落特征的影响［J］．畜牧兽医杂志，2023，42（6）：14-17.

[12] 李娜，唐士明，郭建英，等．放牧对内蒙古草地植物群落特征影响的 meta 分析［J］．植物生态学报，2023，47（9）：1256-1269.

[13] 李小锋，惠婷婷，李耀明，等．不同放牧管理方式对新疆山地草原植物群落特征的影响［J］．干旱区研究，2024，41（1）：124-134.

[14] 李小锋，刘秀梅，郑红玉．温性荒漠草原植物群落特征对草原生态补奖政策的响应

[J]. 草食家畜，2023（6）：36-42.

[15] 刘雨，高光耀，李宗善，等. 内蒙古荒漠草原植物水分利用特征差异及对环境因子的响应 [J]. 生态学报，2023，43（19）：7924-7935.

[16] 罗斤，尹晓冬，曲善民，等. 光伏电板对草甸草原植物功能群数量特征的影响 [J]. 草原与草坪，2023，43（6）：32-37.

[17] 马英. 荒漠化草原土壤和典型草本植物养分化学计量特征对长期施肥的响应 [D]. 兰州：兰州大学，2021.

[18] 牛向雯，哈了阿西·努尔波拉提，徐文彤. 毛乌素沙地放牧和封育对草地植物群落特征的影响 [J]. 绿色科技，2023，25（20）：7-12.

[19] 乔慧，蒙仲举，王宁，等. 锡林郭勒不同草原类型土壤养分与植物群落特征 [J]. 农业与技术，2022，42（24）：61-65.

[20] 御国萍，龙金飞，卫智军，等. 放牧强度对荒漠草原不同植物功能群数量特征的影响 [J]. 畜牧与饲料科学，2024，45（1）：71-78.

[21] 任晓萌. 围封对希拉穆仁荒漠草原植物群落特征的影响 [J]. 绿色科技，2023，25（4）：63-67.

[22] 孙佳慧. 不同恢复改良措施对典型草原植物群落和土壤化学计量学特征的影响 [D]. 呼和浩特：内蒙古大学，2021.

[23] 王冰莹，韩国栋，武倩，等. 长期增温和氮素添加对荒漠草原不同植物功能群特征的影响 [J]. 草原与草坪，2022，42（2）：42-49.

[24] 王敏，张鲜花，袁小强，等. 干扰程度对典型草原植物群落数量特征及物种多样性的影响 [J]. 草原与草坪，2023，43（4）：122-129，136.

[25] 王琪，郑佳华，赵萌莉，等. 刈割强度对大针茅草原植物群落特征和土壤理化性质的影响 [J]. 草业学报，2023，32（2）：26-34.

[26] 王占义，赵向玲，王成杰，等. 不同牧马强度对荒漠草原植物群落特征的影响 [J]. 草原与草业，2023，35（1）：10-16.

[27] 温华晨，沈艳，聂明鹤，等. 荒漠草原典型群落植物叶片-土壤-微生物碳、氮特征及相互关系 [J]. 中国草地学报，2022，44（11）：9-17.

[28] 伍晓艺. 阿坝盆地北坡草甸草原植物群落特征与土壤元素之间的关系 [D]. 成都：成都理工大学，2021.

[29] 肖红，戎郁萍，李鹏珍，等. 呼伦贝尔草甸草原主要功能群植物碳、氮、磷化学计量特征对氮磷添加的响应 [J]. 中国草地学报，2023，45（10）：1-11.

[30] 许婷婷，董智，郭建英，等. 放牧对内蒙古典型草原植物群落特征与土壤有机碳的影响 [J]. 草地学报，2022，30（9）：2273-2279.

［31］闫宝龙，吕世杰，古琛，等．荒漠草原矮小型针茅属建群的植物群落特征研究［J］．内蒙古农业大学学报（自然科学版），2023，44（2）：39-44.

［32］闫秀．宁夏草原植物叶片解剖特征与生态系统功能关联研究［D］．银川：宁夏大学，2021.

［33］杨帆．基于植物群落特征的内蒙古荒漠草原适宜围封年限对比评价［D］．呼和浩特：内蒙古农业大学，2021.

［34］杨天成，李晓佳．不同草地利用方式对内蒙古典型草原群落特征及草地健康的影响［J］．草业科学，2022，39（5）：841-849.

［35］杨彦东，马静利，马红彬，等．封育对荒漠草原优势植物根系性状特征的影响［J］．草业科学，2023，40（6）：1507-1517.

［36］张楚，王淼，代景忠，等．有机肥对草甸草原植物群落及物种多样性的影响［J］．中国农业资源与区划，2023，44（3）：26-39.

［37］张飞，马玉荣，梁瑞泽，等．季节性放牧对补播改良荒漠草原植物群落地上生物量及物种多样性的影响［J］．安徽农业科学，2023，51（8）：53-57.

［38］张攀．围封对天山北坡温性草原植物和土壤性质的影响［D］．乌鲁木齐：新疆农业大学，2021.

［39］张鹏，沈艳，张小菊，等．宁夏荒漠草原优势植物叶片 C、N、P 生态化学计量特征及群落稳定性研究［J］．中国草地学报，2022，44（6）：18-26.

［40］张雨斯．内蒙古荒漠草原 C3、C4 植物叶绿素含量、叶绿素荧光参数特征分析［D］．呼和浩特：内蒙古师范大学，2021.

［41］朱湾湾．降水量变化及氮添加下荒漠草原生态系统碳交换研究［D］．银川：宁夏大学，2021.